高烈度抗震设防区装配式建筑实践
——以云南省为例

谢伦杰　谢　俊　著

图书在版编目（CIP）数据

高烈度抗震设防区装配式建筑实践：以云南省为例/谢伦杰，谢俊著. —北京：中国建筑工业出版社，2019.12
ISBN 978-7-112-24790-5

Ⅰ.①高… Ⅱ.①谢… ②谢… Ⅲ.①装配式构件-建筑结构-防震设计 Ⅳ.①TU352.11

中国版本图书馆 CIP 数据核字 (2020) 第 022369 号

装配式建筑是实现建筑产业现代化的必由之路。坚持市场主导、政府推动，适应市场需求，充分发挥市场在资源配置中的决定性作用，更好发挥政府规划引导和政策支持作用，形成有利的体制机制和市场环境，有序发展装配式建筑。本书依据国家和云南省最新装配式建筑的设计规范和评价标准，结合项目实际案例总结了装配式建筑连接与构造的各种方法，比较其优缺点，提出了在高烈度地震设防区发展装配式建筑的思路。全书共分 7 章，主要内容包括：绪论；装配式主体结构；装配式围护体系新材；装配式装修；装配式建筑案例；装配式建筑优势；"一带一路"背景下装配式建筑的发展机遇。

责任编辑：郭　栋　辛海丽
责任校对：党　蕾

高烈度抗震设防区装配式建筑实践
——以云南省为例

谢伦杰　谢　俊　著

*

中国建筑工业出版社出版、发行（北京海淀三里河路 9 号）
各地新华书店、建筑书店经销
北京红光制版公司制版
北京建筑工业印刷厂印刷

*

开本：787×1092 毫米　1/16　印张：12¼　字数：306 千字
2020 年 9 月第一版　　2020 年 9 月第一次印刷
定价：48.00 元
ISBN 978-7-112-24790-5
(35082)

前　言

2013 年 1 月 1 日,从国务院发布《绿色建筑行动方案》开始,"推广建筑工业化,发展绿色建筑"成为新时期建筑业发展方向,装配式建筑迎来发展春天。2017 年 6 月 6 日云南省人民政府发布《云南省人民政府办公厅关于大力发展装配式建筑的实施意见》。2019 年 5 月,云南省住房和城乡建设厅联合云南省发展和改革委员会等 7 个部门印发《云南省绿色装配式建筑及产业发展规划(2019—2025 年)》,云南省各地州陆续出台诸多支持政策,大大促进高烈度地区装配式建筑发展,并且规划将其打造成辐射南亚、东南亚的新型产业。

作者依托云南城投集团实践平台和中南大学科研技术,通过分析国家和云南省最新装配式建筑设计规范和评价标准,结合云南省装配式建筑实践案例,分别从相关政策、技术体系、装配式装修、新型建材等视角,总结装配式建筑连接与构造的各种方法,提出在高烈度地震设防地区发展装配式建筑的新思路,为广大读者提供设计参考和工程借鉴。

本书由云南城投集团谢伦杰先生和中南大学建筑与艺术学院谢俊博士合著。全书第 1~4 章由谢伦杰先生著作,第 5~7 章由谢俊博士著作,全书由谢伦杰先生统稿。

感谢云天任高新材科技有限公司、云南城投中民昆建科技有限公司、清华大学全球产业 4.5 研究院为本书提供研究平台和给予诸多建设性意见。感谢云南城投集团与建业筑友集团诸多领导和云天任高新材科技有限公司林永月、阳春及李敬瑜先生给予全书诸多支持和建设性意见。

由于作者理论水平和实践经验有限,书中难免存在不足甚至是谬误之处,恳请读者批评指正。

谢伦杰
2020 年 5 月于昆明

目　　录

第1章 绪 论

1.1 装配式建筑概念

1. 装配式建筑（图 1.1）：从狭义上理解是指用预制部品、部件通过可靠的连接方式在工地装配而成的建筑。在通常情况下，从建筑技术角度来理解装配式建筑，一般都按照狭义上理解或定义。从广义上理解是指用工业化建造方式建造的建筑，工业化建造方式主要是指在房屋建造全过程中采用标准化设计、工业化生产、装配化施工、一体化装修和信息化管理为主要特征的建造方式。

2. 部品部件：部品是指由工厂生产，构成外围护系统、设备与管线系统、内装系统的建筑单一产品或复合产品组装而成的功能单元的统称；部件是指在工厂或现场预先生产制作完成，构成建筑结构系统的结构构件及其他构件的统称。

3. 外围护系统：是指由建筑外墙、屋面、外门窗及其他部品部件等组合而成，用于分隔建筑室内外环境的部品部件的整体。

4. 全装修：是指所有功能空间的固定面装修和设备设施全部安装完成，达到建筑使用功能和建筑性能的状态。

5. 装配率：是指单体建筑室外地坪以上的主体结构、围护墙和内隔墙、装修和设备管线等采用预制部品部件的综合比例。

6. 预制率：是指装配式建筑 ± 0.000 标高以上主体结构中预制部分的混凝土用量占对应构件混凝土总用量的体积比。

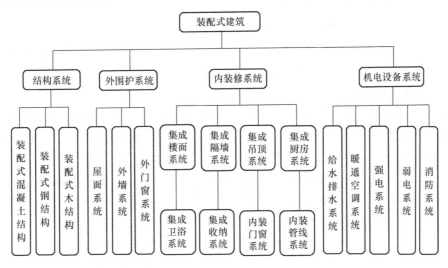

图 1.1 装配式建筑系统构成

1.2 高烈度抗震设防区

1.2.1 名词术语

1. 震级：是表示地震强度所划分的等级，中国把地震划分为六级：小地震 3 级，有感地震 3～4.5 级，中强地震 4.5～6 级，强烈地震 6～7 级，大地震 7～8 级，大于 8 级的为巨大地震。

2. 地震烈度表：中国采用 12 度（1～12 度）划分的地震烈度表。

3. 地震烈度：地震时在一定地点引起的地面震动及其影响的强弱程度。

4. 基本烈度：一个地区未来 50 年内，一般场地条件下可能遭受的具有 10% 超越概率的地震烈度。用 Ib 表示（图 1.2.1）。

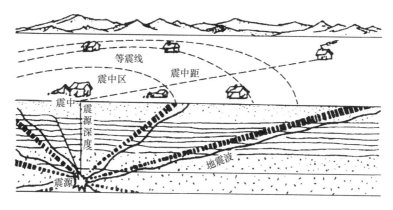

图 1.2.1　地震名词图示

震级和烈度是两个不同的概念。震级反映的是一次地震释放的总能量，烈度反映的是某个地点在地震影响下受到的破坏力水平。所以对于同一次地震，距离震中距离不同的地点、地质情况不同的地点其烈度都不一样。例如，1976 年唐山地震震级为 7.8 级，震中烈度为 11 度，天津市地震烈度为 8 度，北京市烈度为 6 度，再远到石家庄、太原等就只有 4～5 度了。2008 年汶川地震震级是 8.0 级，受这次地震影响，汶川县城的烈度可能达到 11 度，成都达到 8 度，重庆就只有 6 度。

1.2.2 中国地震烈度区划分

在中国地震烈度区划分的五类烈度区中，各烈度区所占的国土面积大致为：小于 6 度区的面积为 201 万平方公里；6 度区为 361 万平方公里；7 度区为 320 万平方公里；8 度区为 68 万平方公里（占 7%）；9 度区及以上为 9.5 万平方公里。

由此可见，在我国国土范围内，有 21% 的国土（<6 度）无需考虑地震灾害问题；有 38% 的国土（6 度）要注意地震问题，在建筑的结构布局方面给以重视，不必采取特别的抗震措施；有 33% 的国土（7 度）需要考虑地震灾害的威胁，采取一定的防灾、减灾措施；有 8% 的国土（≥8 度）需要采取必要的防灾、减灾措施。高烈度区（≥9 度）主要分布在西部，全国 34 个大于等于 9 度的区，有 24 个在青藏高原及其周边，6 个在新疆，华北和台湾各占 2 个。东南沿海地区，大多数在 6 度区，局部地段（如海口、汕头、泉

州、辽宁新金）在 8 度区内。

例如：

抗震设防烈度不低于 9 度，设计基本地震加速度值不小于 0.40g：四川康定、西昌，西藏当雄、墨脱，台湾台中，昆明东川等。

抗震设防烈度为 8 度，设计基本地震加速度值为 0.30g：海南海口、台北台南、喀什、宿迁、宜良等。

抗震设防烈度为 8 度，设计基本地震加速度值为 0.20g：北京、西安、太原、乌鲁木齐、银川、兰州、包头、呼和浩特、拉萨、昆明等。

1.2.3 中国地震烈度表

《中国地震烈度表》GB/T 17742—2008 表 1.2.3

地震烈度	人的感觉	房屋震害		平均震害指数	其他震害现象	水平向地面运动	
		类型	震害程度			峰值加速度(m/s²)	峰值速度(m/s)
I	无感	—	—	—	—	—	—
II	室内个别静止中人有感觉	—	—	—	—	—	—
III	室内少数静止中人有感觉	—	门、窗轻微作响	—	悬挂物微动	—	—
IV	室内多数人、室外少数人有感觉，少数人梦中惊醒	—	门、窗作响	—	悬挂物明显摆动，器皿作响	—	—
V	室内绝大多数、室外多数人有感觉，多数人梦中惊醒	—	门窗、屋顶、屋架颤动作响，灰土掉落，个别房屋抹灰出现细微细裂缝，个别有檐瓦掉落，个别屋顶烟囱掉砖	—	悬挂物大幅度晃动，不稳定器物摇动或翻倒	0.31 (0.22~0.44)	0.03 (0.02~0.04)
VI	多数人站立不稳，少数人惊逃户外	A	少数中等破坏，多数轻微破坏和/或基本完好	0.00~0.11	家具和物品移动；河岸和松软土出现裂缝，饱和砂层出现喷砂冒水；个别独立砖烟囱轻度裂缝	0.63 (0.45~0.89)	0.06 (0.05~0.09)
VI		B	个别中等破坏，少数轻微破坏，多数基本完好				
VI		C	个别轻微破坏，大多数基本完好	0.00~0.08			
VII	大多数人惊逃户外，骑自行车的人有感觉，行驶中的汽车驾乘人员有感觉	A	少数毁坏和/或严重破坏，多数中等和/或轻微破坏	0.09~0.31	物体从架子上掉落；河岸出现塌方，饱和砂层常见喷水冒砂，松软土地上裂缝较多；大多数独立砖烟囱中等破坏	1.25 (0.90~1.77)	0.13 (0.10~0.18)
VII		B	少数毁坏，多数严重和/或中等破坏				
VII		C	个别毁坏，少数严重破坏，多数中等和/或轻微破坏	0.07~0.22			

续表

地震烈度	人的感觉	房屋震害			其他震害现象	水平向地面运动	
		类型	震害程度	平均震害指数		峰值加速度（m/s²）	峰值速度（m/s）
Ⅷ	多数人摇晃颠簸，行走困难	A	少数毁坏，多数严重和/或中等破坏	0.29～0.51	干硬土上出现裂缝，饱和砂层绝大多数喷砂冒水；大多数独立砖烟囱严重破坏	2.50（1.78～3.53）	0.25（0.19～0.35）
		B	个别毁坏，少数严重破坏，多数中等和/或轻微破坏				
		C	少数严重和/或中等破坏，多数轻微破坏	0.20～0.40			
Ⅸ	行动的人摔倒	A	多数严重破坏或/和毁坏	0.49～0.71	干硬土上多处出现裂缝，可见基岩裂缝、错动，滑坡、塌方常见；独立砖烟囱多数倒塌	5.00（3.54～7.07）	0.50（0.36～0.71）
		B	少数毁坏，多数严重和/或中等破坏				
		C	少数毁坏和/或严重破坏，多数中等和/轻微破坏	0.38～0.60			
Ⅹ	骑自行车的人会摔倒，处不稳状态的人会摔离原地，有抛起感	A	绝大多数毁坏	0.69～0.91	山崩和地震断裂出现；基岩上拱桥破坏；大多数独立砖烟囱从根部破坏或倒毁	10.00（7.08～14.14）	1.00（0.72～1.41）
		B	大多数毁坏				
		C	多数毁坏和/或严重破坏	0.58～0.80			
Ⅺ		A	绝大多数毁坏	0.89～1.00	地震断裂延续很大，大量山崩滑坡	—	—
		B					
		C		0.78～1.00			
Ⅻ	—	A	—	1.00	地面剧烈变化，山河改观	—	—
		B					
		C					

注：表中的数量词："个别"为10%以下；"少数"为10%～45%；"多数"为40%～70%；"大多数"为60%～90%；"绝大多数"为80%以上。

1.2.4 云南省地震烈度区和地震加速度

地震烈度、加速度对照表　　　　　　　　表1.2.4

地震动峰值加速度（g）	<0.05	0.05	0.1	0.15	0.2	0.3	≥0.4
地震基本烈度值	<6	6	7	7 / 7度半	8	8 / 8度半	9

1.2.5　云南省设计地震分组

云南省设计地震分组　　　　　　　　　　　表 1.2.5

	烈度	加速度	分组	县级及县级以上城镇
昆明市	9度	0.40g	第三组	东川区、寻甸回族彝族自治县
	8度	0.30g	第三组	宜良县、嵩明县
	8度	0.20g	第三组	五华区、盘龙区、官渡区、西山区、呈贡区、晋宁县、石林彝族自治县、安宁市
	7度	0.15g	第三组	富民县、禄劝彝族苗族自治县
曲靖市	8度	0.20g	第三组	马龙县、会泽县
	7度	0.15g	第三组	麒麟区、陆良县、沾益县
	7度	0.10g	第三组	师宗县、富源县、罗平县、宣威市
玉溪市	8度	0.30g	第三组	江川县、澄江县、通海县、华宁县、峨山彝族自治县
	8度	0.20g	第三组	红塔区、易门县
	7度	0.15g	第三组	新平彝族傣族自治县、元江哈尼族彝族傣族自治县
保山市	8度	0.30g	第三组	龙陵县
	8度	0.20g	第三组	隆阳区、施甸县
	7度	0.15g	第三组	昌宁县
昭通市	8度	0.20g	第三组	巧家县、永善县
	7度	0.15g	第三组	大关县、彝良县、鲁甸县
	7度	0.15g	第二组	绥江县
	7度	0.10g	第三组	昭阳区、盐津县
	7度	0.10g	第二组	水富县
	6度	0.05g	第二组	镇雄县、威信县
丽江市	8度	0.30g	第三组	古城区、玉龙纳西族自治县、永胜县
	8度	0.20g	第三组	宁蒗彝族自治县
	7度	0.15g	第三组	华坪县
普洱市	9度	0.40g	第三组	澜沧拉祜族自治县
	8度	0.30g	第三组	孟连傣族拉祜族佤族自治县、西盟佤族自治县
	8度	0.20g	第三组	思茅区、宁洱哈尼族彝族自治县
	7度	0.15g	第三组	景东彝族自治县、景谷傣族彝族自治县
	7度	0.10g	第三组	墨江哈尼族自治县、镇沅彝族哈尼族拉祜族自治县、江城哈尼族彝族自治县
临沧市	8度	0.30g	第三组	双江拉祜族佤族布朗族傣族自治县、耿马傣族佤族自治县、沧源佤族自治县
	8度	0.20g	第三组	临翔区、凤庆县、云县、永德县、镇康县
楚雄彝族自治州	8度	0.20g	第三组	楚雄市、南华县
	7度	0.15g	第三组	双柏县、牟定县、姚安县、大姚县、元谋县、武定县、禄丰县
	7度	0.10g	第三组	永仁县

续表

	烈度	加速度	分组	县级及县级以上城镇
红河哈尼族彝族自治州	8度	0.30g	第三组	建水县、石屏县
	7度	0.15g	第三组	个旧市、开远市、弥勒市、元阳县、红河县
	7度	0.10g	第三组	蒙自市、泸西县、金平苗族瑶族傣族自治县、绿春县
	7度	0.10g	第一组	河口瑶族自治县
	6度	0.05g	第三组	屏边苗族自治县
文山壮族苗族自治州	7度	0.10g	第三组	文山市
	6度	0.05g	第三组	砚山县、丘北县
	6度	0.05g	第二组	广南县
	6度	0.05g	第一组	西畴县、麻栗坡县、马关县、富宁县
西双版纳傣族自治州	8度	0.30g	第三组	勐海县
	8度	0.20g	第三组	景洪市
	7度	0.15g	第三组	勐腊县
大理白族自治州	8度	0.30g	第三组	洱源县、剑川县、鹤庆县
	8度	0.20g	第三组	大理市、漾濞彝族自治县、祥云县、宾川县、弥渡县、南涧彝族自治县、巍山彝族回族自治县
	7度	0.15g	第三组	永平县、云龙县
德宏傣族景颇族自治州	8度	0.30g	第三组	瑞丽市、芒市
	8度	0.20g	第三组	梁河县、盈江县、陇川县
怒江傈僳族自治州	8度	0.20g	第三组	泸水县
	8度	0.20g	第二组	福贡县、贡山独龙族怒族自治县
	7度	0.15g	第三组	兰坪白族普米族自治县
迪庆藏族自治州	8度	0.20g	第二组	香格里拉市、德钦县、维西傈僳族自治县
省直辖县级行政单位	8度	0.20g	第三组	腾冲市

1.3 装配式项目建设流程

装配式项目建设流程见图1.3。

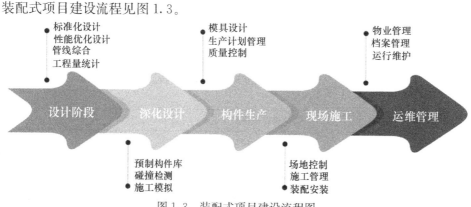

图1.3 装配式项目建设流程图

1.3.1　招标

《中华人民共和国招标投标法实施条例》第九条：除招标投标法第六十六条规定的可以不进行招标的特殊情况外，有下列情形之一的，可以不进行招标：

(1) 需要采用不可替代的专利或者专有技术；

(2) 采购人依法能够自行建设、生产或者提供。

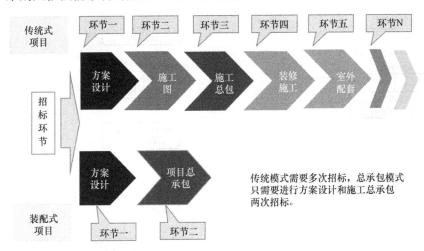

图 1.3.1　装配式项目与传统现浇项目招标环节对比

北京市《关于在本市装配式建筑工程中实行工程总承包招投标的若干规定（试行）》中第二条：装配式建筑原则上应采用工程总承包模式，建设单位应将项目的设计、施工、采购一并进行发包（图 1.3.1）。

1.3.2　设计

《装配式混凝土结构技术规程》　JGJ 1 – 2014

《装配式混凝土建筑技术标准》　GB/T 51231 – 2016

装配式建筑设计应遵循"少规格、多组合"的原则（图 1.3.2-1、图 1.3.2-2）。中民筑友自主研发的软件 iDrawin-BIM，目前在试用阶段，具有 CAD 建模底图转三维模型等技术特点，可应用于全过程全专业 BIM 设计，建模迅速、精确，信息数据传输无缝对接。

1.3.3　施工

《钢筋套筒灌浆连接应用技术规程》JGJ 355 – 2015

《装配式混凝土结构连接节点构造》G310 – 1～2（2015 年合订本）

《装配式混凝土剪力墙结构住宅施工工艺图解》16G906

装配式建筑施工分为预制构件安装支撑、吊装、钢筋连接、节点浇筑等（图 1.3.3）。

1.3.4　验收

《混凝土结构工程施工质量验收规范》GB 50204 – 2015

《钢筋套筒灌浆连接应用技术规程》JGJ 355 – 2015

《装配式混凝土建筑工程施工质量验收规程》T/CCIAT 0008—2019

《装配整体式混凝土结构预制构件制作与质量检验规程》DGJ 08 – 2069 – 2016（上海地标）

装配式结构分项工程的验收包括预制构件进场、预制构件安装以及装配式结构特有的钢筋连接和构件连接等内容（表 1.3.4）。

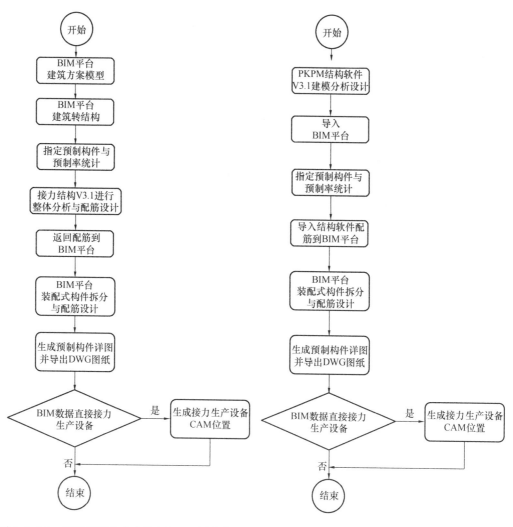

图 1.3.2-1　基于建筑为龙头的 BIM 正向协同设计　　图 1.3.2-2　基于结构为主的装配式深化设计

图 1.3.3　装配式建筑施工现场照片

外观质量缺陷分类　　　　　　　　　　　表 1.3.4

主控项目	1. 预制构件标识	预埋件、插筋和预留孔洞的规格、位置和数量	检查数量：全数检查
			检查方法：对照设计图纸进行观察、测量
	2. 外观质量	外观质量不应有严重缺陷	检查数量：全数检查
			检查方法：观察、检查处理记录
	3. 尺寸偏差	不应有影响结构性能和安装、使用功能的尺寸偏差	检查数量：全数检查
			检查方法：量测、检查处理记录
	4. 混凝土各阶段强度	脱模强度、起吊强度、预应力放张强度和质量评定强度	检查数量：每班留置 3 组立方体抗压强度试件
			检查方法：《混凝土物理力学性能试验方法标准》GB/T 50081
	5. 钢筋套筒灌浆连接接头	抗拉强度试验	检查数量：每种规格试件数量≥3
			检查方法：第三方检验报告
一般项目	1. 外观质量	不宜有一般缺陷	检查数量：全数检查
			检查方法：观察、检查处理记录
	2. 尺寸偏差及位置偏差	预制构件的尺寸偏差及预留孔、预留洞、预埋件、预留插筋、键槽的位置偏差	检查数量：每检验批抽检≥30%，且≥5 件
			检查方法：钢尺、拉线、靠尺、塞尺检查
	3. 粗糙面、键槽	粗糙面的质量及键槽的数量	检查数量：全数检查
			检查方法：观察
	4. 预制构件饰面板（砖）	尺寸允许偏差	检查数量：抽查到的构件进行全数检查
			检查方法：钢尺、靠尺、塞尺检查
	5. 门框和窗框	尺寸允许偏差	检查数量：抽查到的构件进行全数检查
			检查方法：钢尺、靠尺检查

1.4　装配式政策文件摘录

装配式政策文件摘录见表 1.4。

装配式政策文件摘录　　　　　　　　　　表 1.4

文件名	文件号	核心支持条款
中共中央　国务院关于进一步加强城市规划建设管理工作的若干意见	中发〔2016〕6 号	1. 鼓励建筑企业装配式施工，现场装配
		2. 建设国家级装配式建筑生产基地
		3. 加大政策支持力度，力争用 10 年左右时间，使装配式建筑占新建建筑的比例达到 30%
		4. 提高建筑节能标准，推广绿色建筑和建材
		5. 完善绿色节能建筑和建材评价体系，制定分布式能源建筑应用标准

续表

文件名	文件号	核心支持条款
国务院办公厅关于大力发展装配式建筑的指导意见	国办发〔2016〕71号	1. 坚持市场主导、政府推动。适应市场需求，充分发挥市场在资源配置中的决定性作用，更好发挥政府规划引导和政策支持作用，形成有利的体制机制和市场环境，有序发展装配式建筑
		2. 坚持顶层设计、协调发展。以建造方式变革促进工程建设全过程提质增效，带动建筑业整体水平的提升
		3. 力争用10年左右的时间，使装配式建筑占新建筑面积的比例达到30%
住房城乡建设部关于印发建筑节能与绿色建筑发展"十三五"规划的通知	建科〔2017〕53号	1. 到2020年，城镇新建建筑能效水平比2015年提升20%
		2. 城镇新建建筑中绿色建筑面积比重超过50%，绿色建材应用比重超过40%。完成既有居住建筑节能改造面积5亿 m^2 以上，公共建筑节能改造1亿 m^2，全国城镇既有居住建筑中节能建筑所占比例超过60%
		3. 经济发达地区及重点发展区域农村建筑节能取得突破，采用节能措施比例超过10%
		4. 开展公共建筑节能重点城市建设，推广合同能源管理、政府和社会资本合作模式（PPP）等市场化改造模式
云南省人民政府办公厅关于大力发展装配式建筑的实施意见	云政办发〔2017〕65号	1. 到2020年，昆明市、曲靖市、红河州装配式建筑占新建建筑面积比例达到20%，其他每个州、市至少有3个以上示范项目
		2. 到2025年，力争全省装配式建筑占新建筑面积比例达到30%，其中昆明市、曲靖市、红河州达到40%
		3. 创新项目管理模式：装配式建筑原则上采用工程总承包模式，进一步规范项目招投标工作
云南省人民政府办公厅关于促进建筑业持续健康发展的实施意见	云政办发〔2017〕85号	1. 加快推行工程总承包。以工程项目为核心，以先进技术应用为手段，以专业分工为纽带
		2. 推广智能和装配式建筑。加大政策支持力度，明确重点应用领域，推动建造方式创新，加快发展装配式钢结构和混凝土结构建筑，在具备条件的地方倡导发展现代木（竹）结构建筑，不断提高装配式建筑在新建建筑中的比例
		3. 到2025年，力争全省装配式建筑占新建筑面积比例达到30%，建立健全装配式建筑的技术、标准和监管体系，形成一批涵盖全产业链的装配式建筑产业集群
云南省绿色装配式建筑及产业发展规划（2019—2025年）	云建科〔2019〕123号	1. 到2025年，全省绿色建筑占新建建筑比重达到60%以上，装配式建筑全部达到绿色建筑标准；全省绿色装配式建筑占新建建筑面积比例达到30%以上
		2. 昆明、曲靖、红河、玉溪、楚雄等省级重点推进地区达到40%，二星级及以上等级项目比例超过80%获得运行标识的项目比例超过30%
		3. 政府投资工程要带头发展装配式建筑
		4. 无特殊原因，全省各级政府和国企投资、主导建设的公共建筑工程，原则上应采用装配式钢结构技术
		5. 保障性住房、棚改回迁房等优先采用装配式混凝土技术，探索应用装配式钢结构技术
		6. 推行工程总承包：装配式建筑原则上应采用工程总承包模式，可按照技术复杂类工程项目招标投标

文件名	文件号	核心支持条款
云南省绿色装配式建筑及产业发展规划（2019—2025 年）	云建科〔2019〕123 号	7. 财政支持：对绿色建筑＋工程的省级示范项目，投资新建或转型升级填补了建筑部品部件生产空白的项目，给予不超过 100 万元的奖补
		8. 奖励支持：对绿色建筑＋装配式建筑商品房项目、承诺获得二星级及以上绿色建筑设计和运行标识的商品房项目、绿色建筑＋全装修成品交房的商品房项目，以及绿色建筑＋工程的省级示范项目，给予容积率奖励。奖励标准一般不超过实施面积的 3%
		9. 税收支持：新型墙体材料，实行增值税即征即退 50% 的政策
昆明市人民政府办公厅关于大力发展装配式建筑的通知	昆政办〔2018〕37 号	1. 2018 年至 2019 年为装配式建筑试点示范期。以政府和国企投资、主导的新建建设工程为主，期间，累计完成新开工面积不少于 600 万 m²，其中：2018 年、2019 年、2020 年分别不少于 100 万 m²、200 万 m²、300 万 m²。积极在市政桥梁、地下综合管廊、轨道交通等基础设施项目推广装配式
		2. 2020 年起为装配式建筑全面推广应用期。装配式项目占当年开工面积的比例不低于 20%，每年增长 5%，至 2025 年不低于 40%。市政桥梁、地下综合管廊、轨道交通等项目，除必须采用现浇部分外，全部采用预制装配式
		3. 加快建设建筑产业示范园区：做好装配式建筑产业基地建设工作，加大招商引资力度，尽快引导企业入驻产业园区，满足试点示范项目需要
		4. 明确试点示范期间建设任务：昆明市行政区域范围内，凡新建的政府和国企投资、主导的建设工程，自 2018 年起，应当使用装配式技术
		5. 财税优惠：投资建设装配式建筑部品构件的生产企业可优先享受市级工业发展引导资金、科技资金等政策扶持。对被认定为国家级的装配式混凝土建筑产业基地一次性给予 300 万元的市级工业发展引导资金奖励
玉溪市人民政府办公室关于大力发展装配式建筑及产业的实施意见	玉政办发〔2018〕46 号	1. 力争到 2025 年全面完成试点示范、全面推广应用工作。2018 年至 2020 年为装配式建筑试点示范期。2018 年，全市装配式建筑新开工项目不少于 1 个；2019 年，全市装配式建筑新开工项目不少于 3 个；到 2020 年末，省级装配式示范项目累计不少于 3 个，市级装配式示范项目不少于 10 个，全市装配式建筑面积占新建建筑面积比例超过 15%（其中红塔区、江川区、澄江县不低于 20%），达到整体推广效果
		2. 2021 年至 2025 年为装配式建筑全面推广应用期。每年装配式建筑占当年新建建筑面积比例至少提高 3 个百分点，到 2025 年末，全市不低于 30%（其中红塔区、江川区、澄江县不低于 40%），新建商品房住宅装配式建筑面积占比不低于 20%，国家级装配式建筑示范项目不少于 1 个，力争达到国家级装配式建筑示范城市标准

续表

文件名	文件号	核心支持条款
文山州人民政府关于大力发展装配式建筑的实施意见	文政发〔2017〕122号	到2017年，启动建设2个以上政府和国有投资主导建设的建筑工程（适宜采用装配式建筑的）装配式建筑，到2018年，实现装配式建筑占新建建筑面积的比例达到60%以上，到2019年，实现装配式建筑占新建建筑面积的比例达到100%
蒙自市人民政府办公室关于印发蒙自市加快推动装配式建筑发展促进建筑产业转型升级实施方案（试行）的通知	蒙政办发〔2018〕148号	到2020年，力争新开工装配式建筑面积占新建建筑面积的比例达到30%以上，到2025年，力争装配式建筑面积占新建建筑面积的比例达到40%

1.5 高烈度区装配式建筑发展展望

由于云南地处中国西南区域，部分地区属于高烈度区，经济发展水平相对落后，同时考虑到政府、开发商、老百姓接受度，以高层住宅为例，建议装配式建筑发展分三步走：

第一步：起步期，预制率20%，装配率>50%

水平结构部分叠合（10%）＋竖向结构铝模现浇（10%）＋内外隔墙高精度砌块（10%）＋精装修交付（6%）＋集成厨卫（12%）＋干法楼地面或地砖薄贴（6%）＝装配率54%

第二步：发展期，预制率35%，装配率>70%

水平结构全部叠合（20%）＋竖向结构1/3预制（20%）＋内外隔墙轻质墙板（10%）＋精装修交付（6%）＋集成厨卫（12%）＋干法楼地面或地砖薄贴（6%）＝装配率74%

第三步：成熟期，预制率65%，装配率>90%

水平结构全部叠合（20%）＋竖向结构全部预制（30%）＋内外隔墙轻质墙板（10%）＋精装修交付（6%）＋集成厨卫（12%）＋干法楼地面（6%）＋管线分离（6%）＝装配率90%

第2章 装配式主体结构

2.1 装配式混凝土规范

2.1.1 规范标准

装配式混凝土规范标准 表2.1.1

类别	编号	名　　称
国家标准	GB 50010-2010（2015 年版）	混凝土结构设计规范
	GB 50666-2011	混凝土结构工程施工规范
	GB 50204-2015	混凝土结构工程施工质量验收规范
	GB/T 51231-2016	装配式混凝土建筑技术标准
	GB/T 51129-2017	装配式建筑评价标准
行业标准	JGJ 1-2014	装配式混凝土结构技术规程
	JGJ 3-2010	高层建筑混凝土结构技术规程
	JGJ 224-2010	预制预应力混凝土装配整体式框架结构技术规程
	JGJ 355-2015	钢筋套筒灌浆连接应用技术规程
	JGJ 256-2011	钢筋锚固板应用技术规程
协会标准	CECS 43：92	钢筋混凝土装配整体式框架节点与连接设计规程
	CECS 52：2010	整体预应力装配式板柱结构技术规程
地方标准	DBJ 53/T-49-2013	云南省绿色建筑评价标准
	DBJ 53/T-96-2018	云南省装配式建筑评价标准
国标图集	15G365-1	预制混凝土剪力墙外墙板
	15G365-2	预制混凝土剪力墙内墙板
	15G366-1	桁架钢筋混凝土叠合板（60mm 厚底板）
	15G367-1	预制钢筋混凝土板式楼梯
	15G368-1	预制钢筋混凝土阳台板、空调板及女儿墙
	15J939-1	装配式混凝土结构住宅建筑设计示例（剪力墙结构）
	15G107-1	装配式混凝土结构表示方法及示例（剪力墙结构）
	15G310-1	装配式混凝土结构连接节点构造（楼盖结构和楼梯）
	15G310-2	装配式混凝土结构连接节点构造（剪力墙结构）

2.1.2 装配率计算

1. 国家标准（表 2.1.2-1）

《装配式建筑评价标准》GB/T 51129－2017 　　　　表 2.1.2-1

评价项		评价要求	评价分值	最低分值
主体结构 （50分）	柱、支撑、承重墙、延性墙板等竖向构件	35%≤比例≤80%	20～30	20
	梁、板、楼梯、阳台、空调板等构件	70%≤比例≤80%	10～20	20
围护墙和 内隔墙 （20分）	非承重围护墙非砌筑	比例≥80%	5	10
	围护墙与保温、隔热、装饰一体化	50%≤比例≤80%	2～5	
	内隔墙非砌筑	比例≥50%	5	
	内隔墙与管线、装修一体化	50%≤比例≤80%	2～5	
装修和设备 管线 （30分）	全装修	—	6	6
	干式工法楼面、地面	比例≥70%	6	—
	集成厨房	70%≤比例≤90%	3～6	
	集成卫生间	70%≤比例≤90%	3～6	
	管线分离	50%≤比例≤70%	4～6	

2. 北京市标准（表 2.1.2-2）

北京市地方标准《装配式建筑评价标准》征求意见稿 　　　　表 2.1.2-2

评价项			评价要求	评价分值	最低分值
主体结构（40分）	预制率		20%≤v＜49%	10～15 *	20
			40%≤v≤80%	15～30 *	
	梁、板、楼梯等构件		70%≤比例≤90%	5～10 *	
围护墙和内隔墙 （20分）	围护墙	非承重围护墙非砌筑	比例≥80%	4	10
		墙体、保温、装饰一体化	60%≤比例≤80%	3～6 *	
	内隔墙	非砌筑	比例≥80%	4	
		墙体、管线、装修一体化	60%≤比例≤80%	3～6 *	
装修和设备管线 （35分）	全装修		—	5	15
	＊＊公共区域装修采用干式工法		70%≤比例≤90%	3～6 *	
	＊＊＊收纳系统		70%≤比例≤90%	3～6 *	
	干式工法楼面、地面		70%≤比例≤90%	3～6 *	
	管线分离		70%≤比例≤90%	3～6 *	
	集成卫生间		70%≤比例≤90%	3～6 *	
	集成厨房		70%≤比例≤90%	3～6 *	
信息化（5分）	BIM 应用		设计阶段	2	2
			全过程	5	

注：1. 表中带"＊"项的分值采用"内插法"计算，计算结果取小数点后一位。

　　2. 表中带"＊＊"项适用于公共建筑评价。

　　3. 表中带"＊＊＊"项适用于住宅建筑评价。

3. 河南省标准（表 2.1.2-3）

《河南省装配式建筑评价标准》DBJ 41/T 222－2019　　　表 2.1.2-3

评价项				评价要求	评价分值	最低分值
主体结构 Q_1 （50分）	q_{1a}	柱、支撑、承重墙、 延性墙板等竖向构件	主要采用混凝土材料 或钢-混凝土组合材料	35%≤比例≤90%	20～30	20
			主要采用钢材或木材	—	30	
	q_{1b}	梁、板、楼梯、阳台、 空调板等构件		70%≤比例≤80%	10～20	
围护墙和 内隔墙 Q_2 （20分）	q_{2a}	非承重围护墙非砌筑		比例≥80%	5	10
	q_{2b}	围护墙与保温（隔热）、装饰一体化		50%≤比例≤80%	2～5	
		围护墙与保温（隔热）一体化		50%≤比例≤80%	1.6～4	
	q_{2c}	内隔墙非砌筑		比例≥50%	5	
	q_{2d}	内隔墙与管线、装修一体化		50%≤比例≤80%	2～5	
		内隔墙与管线一体化		50%≤比例≤80%	1.6～4	
装修和设备 管线 Q_3 （30分）		全装修		—	6	6
	q_{3a}	干式工法的楼面、地面		比例≥70%	6	—
	q_{3b}	集成厨房		70%≤比例≤90%	3～6	
	q_{3c}	集成卫生间		70%≤比例≤90%	3～6	
	q_{3d}	管线分离		70%≤比例≤90%	3～6	
提高与创新 加分项 T （6分）	t_1	BIM 技术	BIM 应包括主体结构、外围护 和设备管线系统设计的信息， 各阶段统一的信息模型	设计	1	—
				设计和生产	1.5	
				设计-生产-施工	2	
	t_2	承包模式	采用 EPC 工程总承包模式	装配式建筑项目	1	
	t_3	技术创新	有自主装配式建筑技术体系	主持编写国家、 行业及我省省标	1	
	t_4	超低能耗	超低能耗建筑	符合设计标准要求	1	
	t_5	绿色施工	非预制构件现浇部分 采用高精度模板	比例≥70%	1	

4. 湖南省标准（表 2.1.2-4）

《湖南省绿色装配式建筑评价标准》DBJ 43/T 332 - 2018   表 2.1.2-4

项 目			指标要求	计算分值	最低分值
主体结构 （45分）	柱、支撑、承重墙、延性墙板等竖向构件	采用预制构件	35%≤比例≤80%	15～25	20
		采用高精度模板施工工艺	85%≤比例	5	
	梁、板、楼梯、阳台、空调板等构件	采用预制构件	70%≤比例≤80%	10～20	
围护墙和内隔墙 （20分）	非承重围护墙非砌筑		比例≥80%	5	10
	外围护墙体集成化	围护墙与保温、隔热、装饰一体化	50%≤比例≤80%	2～5	
		围护墙与保温、隔热、窗框一体化	50%≤比例≤80%	1.4～3.5	
	内隔墙非砌筑		比例≥50%	5	
	内隔墙体集成化	内隔墙与管线、装修一体化	50%≤比例≤80%	2～5	
		内隔墙与管线一体化	50%≤比例≤80%	1.4～3.5	
装修和设备管线 （25分）	全装修		—	6	6
	干式工法的楼面、地面		比例≥70%	4	
	集成厨房		70%≤比例≤90%	3～5	
	集成卫生间		70%≤比例≤90%	3～5	
	管线分离		50%≤比例≤70%	3～5	
绿色建筑 （10分）	绿色建筑技术的应用		满足绿色建筑基本要求	4	4
			满足绿色建筑一星级要求	6	
			满足绿色建筑二星级要求	8	
			满足绿色建筑三星级要求	10	
加分项	BIM 技术应用		设计阶段	1.5	
			全过程	3	
	采用 EPC 模式		—	2	

5. 云南省标准（表 2.1.2-5）

《云南省装配式建筑评价标准》DBJ 53/T－96－2018　　　　　　表 2.1.2-5

评价项		评价要求	评价分值	最低分值
主体结构 （50分）	柱、支撑、承重墙、延性墙板等竖向构件 （采用高精度模板施工工艺）	35%≤比例≤80% （70%≤比例≤100%）	20～30 （5～10）	20
	梁、板、楼梯、阳台、空调板等构件	70%≤比例≤80%	10～20	
围护墙和 内隔墙 （20分）	非承重围护墙非砌筑	比例≥80%	5	10
	围护墙与保温、隔热、装饰一体化（围护墙 与保温、隔热一体化）	50%≤比例≤80% （50%≤比例≤80%）	2～5 （1.4～3.5）	
	内隔墙非砌筑	比例≥50%	5	
	内隔墙与管线、装修一体化（内隔墙与管线 一体化）	50%≤比例≤80% （50%≤比例≤80%）	2～5 （1.4～3.5）	
装修和设备 管线（30分）	全装修	—	6	6
	干式工法楼面、地面	比例≥70%	6	
	集成厨房	70%≤比例≤90%	3～6	
	集成卫生间	70%≤比例≤90%	3～6	
	管线分离	50%≤比例≤70%	4～6	
加分项 （15分）	BIM应用	—	4	—
	采用装配式减/隔震技术	—	3	
	省级科技示范工程	—	3	
	具有地域民族特色元素的装配式建筑	—	3	
	选用通用部品部件	—	1	
	自爬升脚手架	—	1	

　　注：1. 当采用"（ ）"内的装配式建筑技术时，计算应用比例及得分应采用对应"（ ）"内的数据。

　　　　2. 云南省装配式评价标准和国家标准区别：竖向受力构件采用高精度模板可计入装配率；隔墙采用高精度砌块可计入装配率（2020年底前）；采用BIM技术、减隔震技术、省级示范项目可加3～4分。

2.1.3　预制率计算

　　单体建筑±0.000标高以上，结构构件采用预制混凝土构件的混凝土用量占全部混凝土用量的体积比，按公式计算：

$$预制率 = V_1/(V_1 + V_2) \times 100\%$$

式中　V_1——建筑±0.000标高以上，结构构件采用预制混凝土构件的混凝土体积；计入
V_1计算的预制混凝土构件类型包括：剪力墙、延性墙板、柱、支撑、梁、桁架、屋架、楼板、楼梯、阳台板、空调板、女儿墙、雨篷等；

　　　　V_2——建筑±0.000标高以上，结构构件采用现浇混凝土构件的混凝土体积。

2.2　装配式结构体系

装配式结构体系见图 2.2。

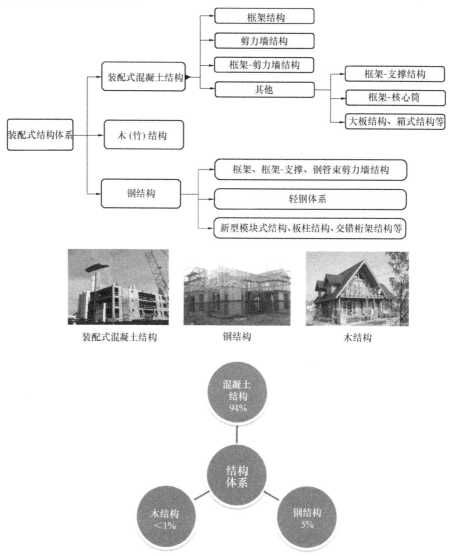

图 2.2　装配式结构体系

2.2.1　钢结构

钢结构是由钢制材料组成的结构，主要由型钢和钢板等制成的梁钢、钢柱、钢桁架等构件组成，广泛应用于大型厂房、场馆、超高层等领域（图 2.2.1）。

2.2.2　木结构

木结构是用木材制成的结构。木材是一种取材容易、加工简便的结构材料。木结构自重较轻，木构件便于运输、装拆，能多次使用，故广泛地用于房屋建筑中，也用于桥梁和塔架（图 2.2.2）。

图 2.2.1　国家体育场（鸟巢）

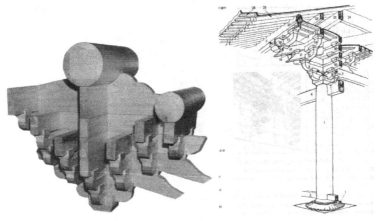

图 2.2.2　传统木结构房屋

2.2.3　钢筋混凝土结构

由于钢筋混凝土结构合理地利用了钢筋和混凝土两者性能特点，可形成强度较高、刚度较大的结构，在建筑结构及其他土木工程中得到广泛应用（图 2.2.3-1）。

图 2.2.3-1　装配式钢筋混凝土结构房屋

1. 装配式框架结构体系

采用"竖向构件预制，水平构件叠合，梁柱节点现浇"的设计理念，这种体系可达到等同现浇的目的。适用范围：多层办公、学校、宿舍等（图 2.2.3-2、图 2.2.3-3）。

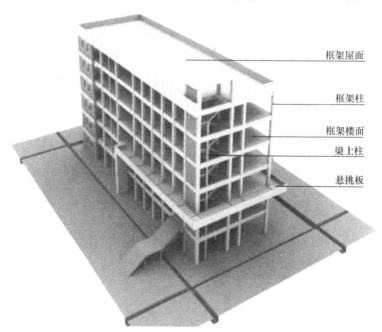

框架屋面

框架柱

框架楼面

梁上柱

悬挑板

图 2.2.3-2　框架结构三维模型

2. 装配式剪力墙结构体系

采用"竖向承重构件以预制为主，少量边缘构件现浇；水平构件全部叠合，隔墙与梁整体预制"的设计理念。适用范围：高层住宅、公寓等（图 2.2.3-4、图 2.2.3-5）。

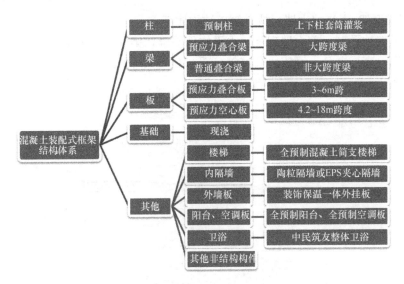

图 2.2.3-3　装配式框架结构体系

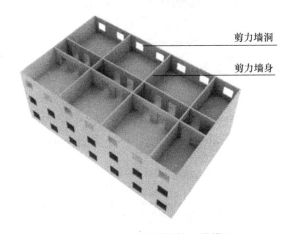

图 2.2.3-4　剪力墙结构三维模型

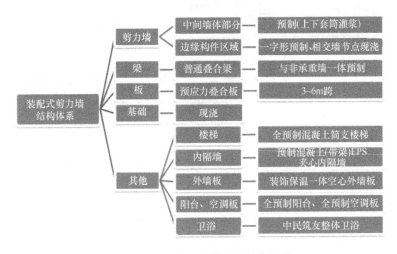

图 2.2.3-5　装配式剪力墙结构体系

3. 装配式框架-现浇剪力墙（核心筒）结构体系

采用"框架柱预制，剪力墙现浇，水平构件叠合，梁柱节点现浇"的设计理念。

适用范围：高层办公、酒店、公寓等（图2.2.3-6、图2.2.3-7）。

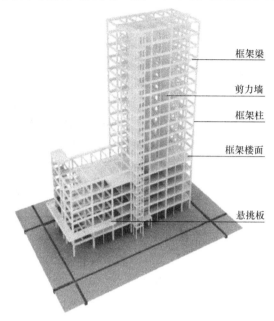

图 2.2.3-6 框架-现浇剪力墙结构三维模型

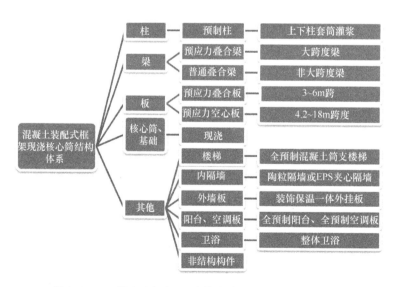

图 2.2.3-7 装配式框架-现浇剪力墙（核心筒）结构体系

4. 装配式框支剪力墙结构体系

框支剪力墙指的是结构中的部分剪力墙因建筑要求不能落地，直接落在下层框架梁上，再由框架梁将荷载传至框架柱上，这样的梁就叫框支梁，柱就叫框支柱，上面的墙就叫框支剪力墙。适用范围：上部住宅，下部商业的商住综合体（图2.2.3-8）。

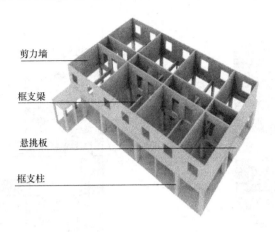

图 2.2.3-8　装配式框支剪力墙结构三维模型

5. 装配式墙板结构体系

用预制混凝土墙板和楼板拼装成的房屋结构。适用范围：低层住宅、别墅（图 2.2.3-9、图 2.2.3-10）。

图 2.2.3-9　框架-现浇剪力墙结构实体模型

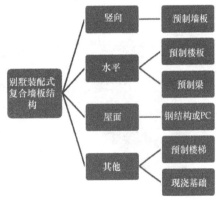

图 2.2.3-10　装配式墙板结构体系

2.3　装配式技术体系

2.3.1　建筑构造

1. 防水

预制外墙接缝（包括屋面女儿墙、阳台、勒脚等处的竖缝、水平缝、十字缝以及窗口处）的垂直缝选用材料防水＋结构防水结合的两道防水构造，水平缝选用材料防水＋企口防水＋灌浆料防水结合的三道防水构造。

1）水平缝：灌浆料防水＋企口防水＋防水胶材料防水，见图 2.3.1-1。

2）垂直缝：现浇混凝土防水＋空腔导水＋防水胶材料防水，见图 2.3.1-2。

3）窗口防水：传统的现浇混凝土建造方式中，门窗洞口在现场手工支模浇筑完成，施工误差较大，而工厂化制造的门窗的几何尺寸误差很小，一般在毫米级。装配式窗内侧设置 20 高企口，外侧顶部设滴水线，底部设排水坡度（图 2.3.1-3）。

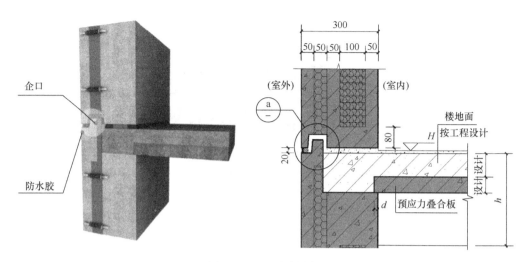

图 2.3.1-1 防水结构

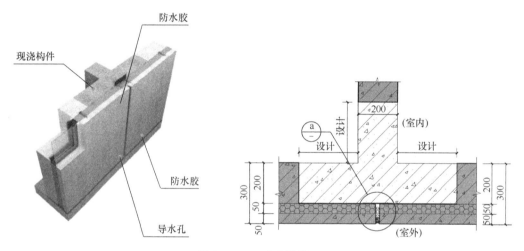

图 2.3.1-2 垂直缝处理

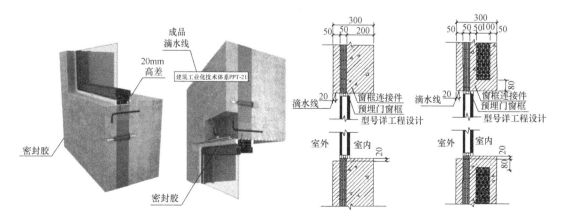

图 2.3.1-3 窗口防水处理

2. 防火

1）外挂墙板与周边构件之间的缝隙，与楼板、梁柱以及隔墙外沿之间的缝隙，要采用具有弹性和防火性能的材料填塞密实，要求不脱落、不开裂（图 2.3.1-4）。

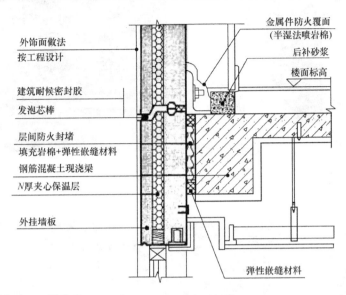

图 2.3.1-4　防火结构

2）建筑的保温系统中应尽量采用燃烧性能为 A 级的保温材料，A 级保温材料属于不燃材料；当采用燃烧性能为 B1、B2 级的保温材料时，必须采用严格的构造措施进行保护，保温层外侧保护墙体应采用不燃材料且厚度不应小于 50mm（图 2.3.1-5）。

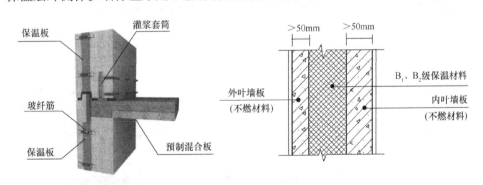

图 2.3.1-5　保温结构

3. 保温

外墙板采用"三明治"板。由外到内依次为 50mm 厚混凝土、50mm 厚 XPS 保温层、＋200mm 厚填充墙（图 2.3.1-6）。

4. 外装修

建筑外墙饰面采用工业化方式进行设计，外饰面在工厂中与保温层、混凝土复合成一体，包括清水混凝土、ECC 预制装饰一体化墙面、丙烯酸烯涂料（真石漆）墙面、面砖外墙面、干挂石材外墙面。预制外墙的面砖或石材饰面宜在构件厂采用反打或其他工厂预制工艺完成，不宜采用后贴面砖，后挂石材的工艺和方法（图 2.3.1-7）。

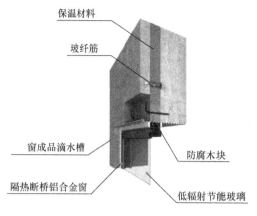

保温材料

玻纤筋

窗成品滴水槽

隔热断桥铝合金窗

防腐木块

低辐射节能玻璃

图 2.3.1-6 "三明治"板

图 2.3.1-7 外装修工艺

5. 内装修

支撑体与填充体相分离的新型长寿命工业化住宅建筑体系。

1）叠合楼板楼地面构造：叠合板的厚度不宜小于 60mm，现浇混凝土叠合层厚度不小于 60mm，通常将建筑的电气管线、弱电布线预埋在现浇叠合层中。

2）CSI 住宅体系的地面构造：采用架空地板系统，架空层内敷设排水和供暖等管线（图 2.3.1-8）。

6. 整体卫浴

整体卫浴是以防水底盘、墙板、顶盖构成整体构架体系，结构独立，配上各种功能洁具形成的独立卫生单位，具有洗浴、洗漱、如厕三项基本功能或其功能的任意组合（图 2.3.1-9）。

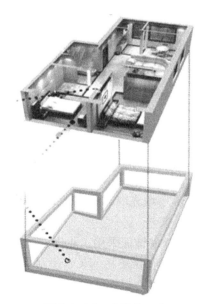

图 2.3.1-8 内装修工艺

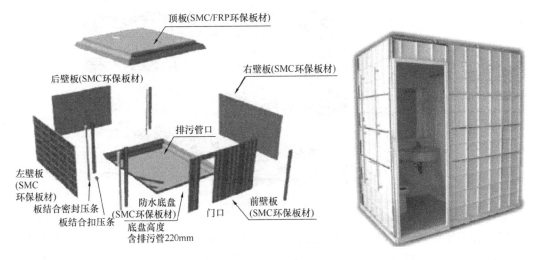

顶板(SMC/FRP环保板材)

后壁板(SMC环保板材)

右壁板(SMC环保板材)

排污管口

左壁板
(SMC
环保板材)

板结合密封压条

板结合扣压条

防水底盘
(SMC环保板材)

门口

前壁板
(SMC环保板材)

底盘高度
含排污管220mm

图 2.3.1-9　整体卫浴展示

2.3.2　预制构件

预制构件展示见图 2.3.2-1。

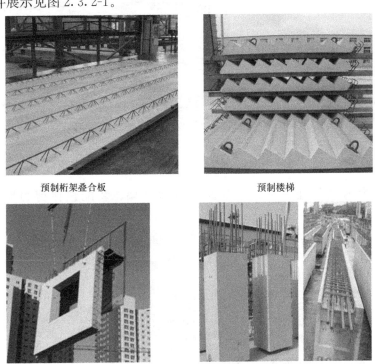

预制桁架叠合板

预制楼梯

预制剪力墙

预制柱/梁

图 2.3.2-1　预制构件展示

1. 预制柱

预制混凝土柱的外观多种多样，包括矩形、圆形和工字形等。在满足运输和安装要求的前提下，预制柱的长度可以达到 12m 或更长，但是一般不宜超过 14m（图 2.3.2-2）。

2. 叠合梁

预制混凝土梁根据制造工艺不同可分为预制实心梁、预制叠合梁两类。预制实心梁多

图 2.3.2-2　预制柱

用于厂房和多层建筑，预制叠合梁整体性较强，运用十分广泛。按是否采用预应力来划分，预制混凝土梁可以分为预制预应力混凝土梁和预制非预应力混凝土梁（图 2.3.2-3）。

图 2.3.2-3　叠合梁

3. 外墙板

外墙板分为内浇外挂剪力墙、双面叠合剪力墙、装配整体剪力墙、外墙挂板（图 2.3.2-4）。

图 2.3.2-4　预制外墙板

1）内浇外挂剪力墙：预制外页板，保温夹心，内页墙现浇（图 2.3.2-5）。

图 2.3.2-5　内浇外挂剪力墙

2）双面叠合剪力墙：50mm 外页板＋100mm 空腔＋50mm 内页板，空腔内浇筑自密实混凝土（图 2.3.2-6）。

图 2.3.2-6　双面叠合剪力墙

3）三明治夹心剪力墙：纯 PC 外墙板，夹心保温层，可采用反打面砖工艺（图 2.3.2-7）。

4）外墙挂板

装配式框架结构体系中外墙采用的是 188mm 厚装饰一体化外墙板。由 120mm 厚混凝土板、50mm 厚 XPS 保温层、18mm 厚 ECC 外装饰板组成，其中外装饰板自带装饰效果，由连接件将 ECC、XPS、混凝土连接成一体，实现保温装饰一体化（图 2.3.2-8）。

4. 内墙板

1）预制混凝土夹心减重墙板：根据不同部位情况，在 200mm 厚墙体中增加 100mm 厚 EPS 减重材料，隔墙内应预留预埋设备管线安装位置（图 2.3.2-9）。

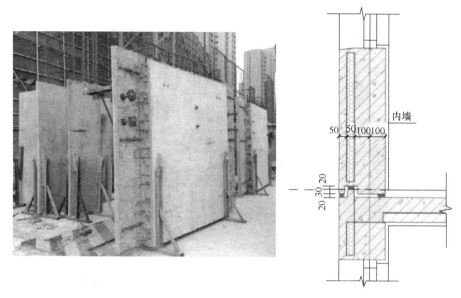

图 2.3.2-7　三明治夹心剪力墙

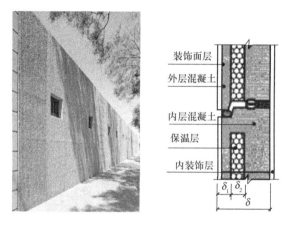

图 2.3.2-8　外墙挂板

2）蒸压加气混凝土条板（ALC板）：外板100mm＋内板75mm ALC外墙具有自保温性能、防水性能（图2.3.2-10、图2.3.2-11）。

3）高精度砌块

高精度砌块施工已经应用在部分在建中高层住宅项目中，随着国内住宅产业化的不断发展，高精度砌块施工在国内也必将得到广泛的应用。高精度砌块施工，慢慢地取代了传统的普通砌块施工的模式，提高了施工精度，节省了施工成本。高精度砌块比普通砌块在尺寸上有了更高的要求，它是墙体薄浆砌筑和薄抹灰甚至免抹灰的必要要求（图2.3.2-12）。

5. 叠合楼板

预制混凝土楼面板按照制造工艺不同可分为预制混凝土叠合板、预制混凝土实心板、预制混凝土空心板、预制混凝土双T板（图2.3.2-13）。

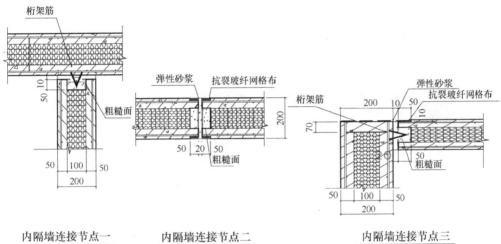

内隔墙连接节点一　　　内隔墙连接节点二　　　　　内隔墙连接节点三

图 2.3.2-9　内墙板

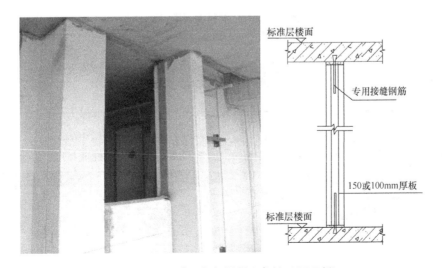

图 2.3.2-10　蒸压加气混凝土条板（ALC 板）

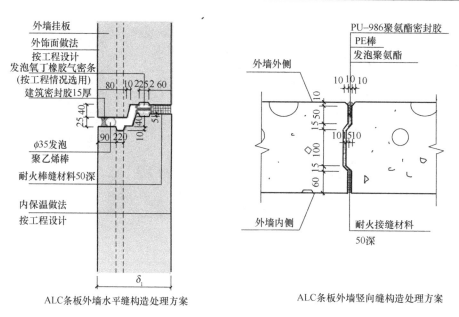

ALC条板外墙水平缝构造处理方案　　　　ALC条板外墙竖向缝构造处理方案

图 2.3.2-11　蒸压加气混凝土条板（ALC 板）接缝构造

图 2.3.2-12　高精度石膏砌块

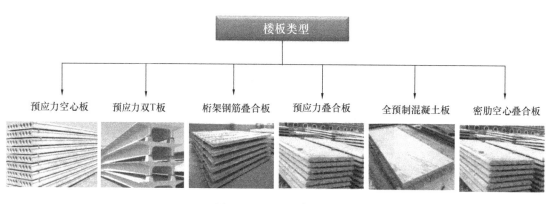

图 2.3.2-13　叠合楼板

《装配式混凝土结构技术规程》JGJ 1－2014 规定：

1）叠合板的预制板厚度不宜小于 60mm，后浇混凝土叠合层厚度不应小于 60mm；

2）跨度大于 3m 的叠合板，宜采用桁架钢筋混凝土叠合板（图 2.3.2-14）；

3）跨度大于 6m 的叠合板，宜采用预应力混凝土预制板（图 2.3.2-15）；

4）板厚大于 180mm 的叠合板，宜采用混凝土空心板。

图 2.3.2-14　桁架钢筋混凝土叠合板　　　　图 2.3.2-15　预应力混凝土叠合板

6. 预制飘窗

模块化飘窗可以设置在外围任意位置，在任意位置都能与旁边的柱或外墙板进行连接，连接部位均为免拆模体系（图 2.3.2-16）。

图 2.3.2-16　预制飘窗

7. 彩力板

彩力板是由胶凝材料、骨料、增强材料、颜料组成，经过搅拌、浇筑、养护、表面处理等工艺制成具有装饰效果的外墙挂板。彩力板一般由基层、饰面层组成，主要用于建筑外墙围护结构，也可用于制作保温装饰一体板（图 2.3.2-17）。

图 2.3.2-17　彩力板

8. 预制管廊

预制管廊构件分为整体装配式（适合单仓）和叠合装配式（适合多仓），见图 2.3.2-18。

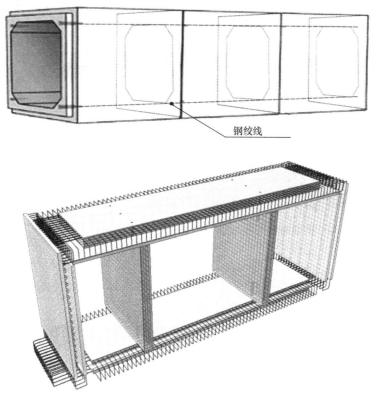

钢绞线

图 2.3.2-18　预制管廊

9. 其他预制构件

预制混凝土楼梯外观更加美观，避免在现场支模，节约工期；预制阳台板能够克服现浇阳台的缺点，解决了阳台板支模复杂、现场高空作业费时费力的问题；预制混凝土空调板通常采用预制混凝土实心板，板侧预留钢筋与主体结构相连，预制空调板通常与外墙板相连；预制混凝土女儿墙处于屋顶外墙的延伸部位，通常有立面造型（图 2.3.2-19）。

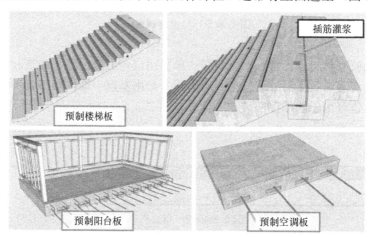

图 2.3.2-19　其他预制构件

2.3.3　节点连接

结构竖向构件连接通过套筒灌浆，水平构件通过叠合、竖向构件与水平构件连接节点通过现浇。

根据《装配式混凝土结构技术规程》JGJ 1 - 2014 第 6.3.1 条："在各种设计状况下，装配整体式结构可采用与现浇混凝土结构相同的方法进行结构分析。"即在进行结构分析时，装配式建筑可等同现浇结构。

1. 板板连接

1）单向板连接

单向叠合板板侧的分离式接缝宜配置附加钢筋（图 2.3.3-1）。

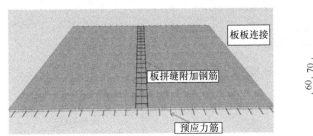 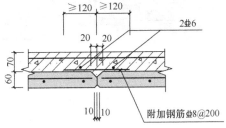

图 2.3.3-1　单向板连接节点

2）双向板连接

双向叠合板板侧的整体式接缝宜设置在叠合板的次要受力方向上且宜避开最大弯矩截面。接缝可采用后浇带形式，后浇带宽度不宜小于 200mm（图 2.3.3-2）。

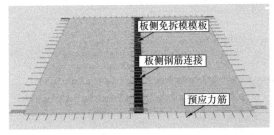 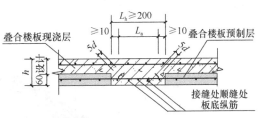

图 2.3.3-2　双向板连接节点

2. 梁和板连接

预制叠合梁、板与竖向构件连接技术类似现浇结构，采用钢筋机械连接实现其纵筋的锚固、连接。预制叠合梁、板上部均有后浇混凝土层，以实现楼层的整体性（图 2.3.3-3）。

3. 梁和柱连接

装配整体式结构的梁柱节点处，柱的纵向钢筋应贯穿节点；梁的纵向钢筋应满足锚固要求，预制叠合梁与预制柱连接节点可在梁、柱上部设置免拆模，施工无需支外模板（图 2.3.3-4）。

4. 主梁和次梁连接

主次梁通过主梁开缺的方式将次梁伸出钢筋锚入主梁内形成连接（图 2.3.3-5）。

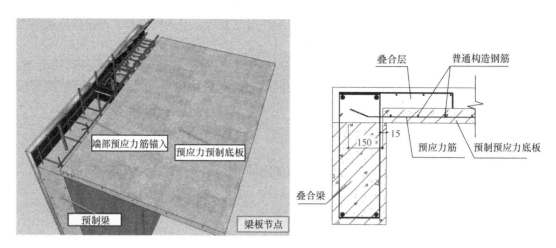

图 2.3.3-3 梁和板连接节点

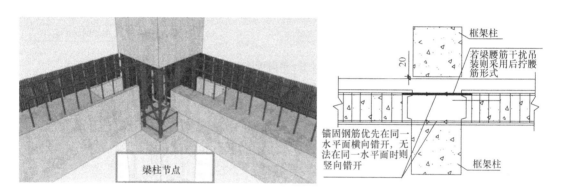

图 2.3.3-4 梁和柱连接节点

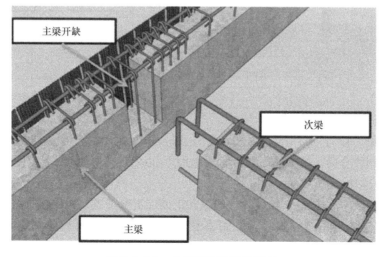

图 2.3.3-5 主梁和次梁连接节点

5. 剪力墙和剪力墙连接

预制剪力墙在楼层内的相邻连接：采用边缘构件局部现浇，内设封闭箍筋等实现对箍筋和水平分布筋的有效搭接连接；预制剪力墙层间水平接缝连接：竖向钢筋采用灌浆套筒连接，节点现浇（图 2.3.3-6）。

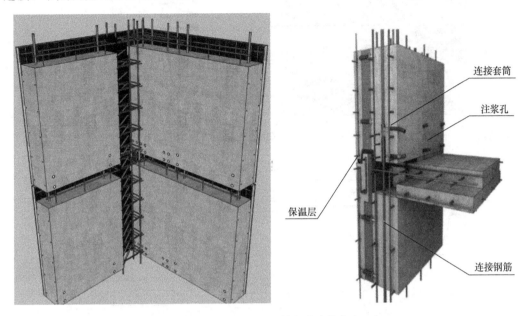

图 2.3.3-6　剪力墙和剪力墙连接节点

6. 柱和柱连接

套筒灌浆连接：预制混凝土构件中预埋的金属套筒中插入钢筋并灌注水泥基灌浆料而实现的钢筋连接方式（图 2.3.3-7）。

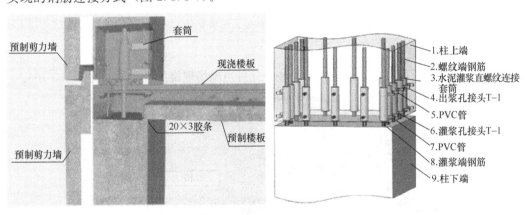

图 2.3.3-7　柱和柱连接节点

浆锚搭接连接：在预制构件中有螺旋箍筋约束的孔道中进行搭接的技术，称为钢筋约束浆锚搭接连接（图 2.3.3-8）。

7. 楼梯和梯梁连接

预制楼梯上部与梯梁插筋灌浆连接，下部与梯梁仅搭接，受力分析即上部固定支座，下部滑动支座（图 2.3.3-9）。

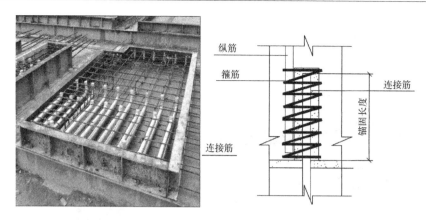

图 2.3.3-8　浆锚搭接连接节点

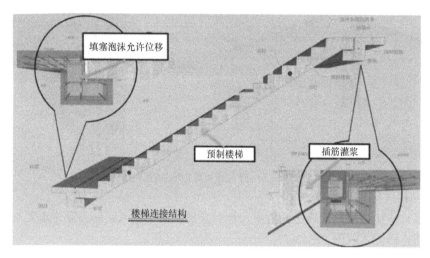

图 2.3.3-9　楼梯和梯梁连接节点

8. 阳台和叠合梁连接

阳台装饰可在工厂完成,现场仅需吊装,且可当现场现浇的外模板(图 2.3.3-10)。

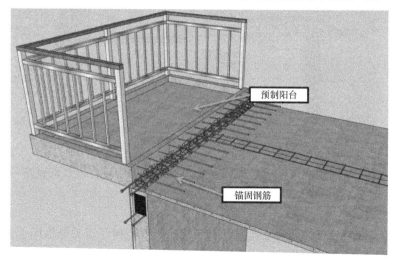

图 2.3.3-10　阳台和叠合梁连接节点

2.3.4　设备机电

给水排水、燃气、采暖、通风和空气调节系统的管线及设备不得直埋于预制构件及预制叠合楼板的现浇层。当条件受限管线必须暗埋或穿越时，横向布置的管道及设备应结合建筑垫层进行设计，也可在预制梁及墙板内预留孔、洞或套管；竖向布置的管道及设备需在预制构件中预留沟、槽、孔洞或套管。

电气竖向干线的管线宜做集中敷设，满足维修更换的需要，当竖向管道穿越预制构件或设备暗敷于预制构件时，需在预制构件中预留沟、槽、孔洞或套管；电气水平管线宜在架空层或吊顶内敷设，当受条件限制必须暗埋时，宜敷设在现浇层或建筑垫层内，如无现浇层且建筑垫层又不满足管线暗埋要求时，需在预制构件中预留相应的套管和接线盒。

1）楼板：叠合预制层，变动较小的系统（照明线盒、消防线盒）；叠合现浇层：变动较大的系统（照明线管、空调插座、厨卫插座管线）；找平装修层（三网系统、普通插座管线），见图 2.3.4-1。

2）剪力墙：线槽、电箱、插座提前构件加工厂预留（图 2.3.4-2）。

3）轻质隔墙：开槽容易，布线灵活，可后装（图 2.3.4-3）。

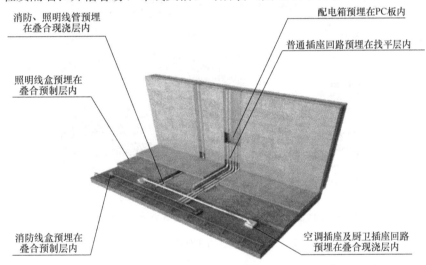

叠合梁上预留套管用于现场穿管

叠合板上预留孔洞用于现场穿管

图 2.3.4-1　楼板的机电设计

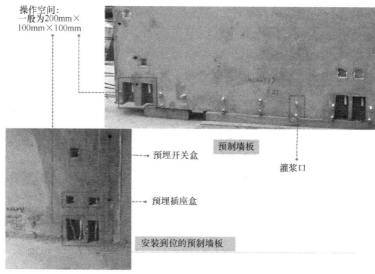

操作空间：
一般为200mm×
100mm×100mm

预制墙板

灌浆口

预埋开关盒

预埋插座盒

安装到位的预制墙板

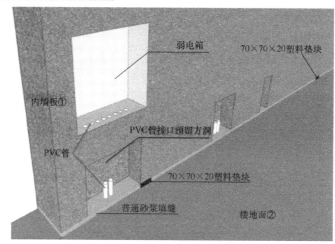

弱电箱

70×70×20塑料垫块

内墙板①

PVC管接口预留方洞

PVC管

70×70×20塑料垫块

普通砂浆填缝

楼地面②

图 2.3.4-2　剪力墙的机电设计

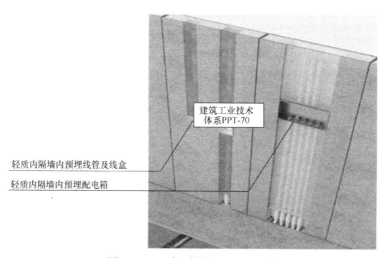

建筑工业技术
体系PPT-70

轻质内隔墙内预埋线管及线盒

轻质内隔墙内预埋配电箱

图 2.3.4-3　轻质隔墙的机电设计

2.3.5　工艺设计

完整的工艺图必须包括以下部分（图 2.3.5-1）：

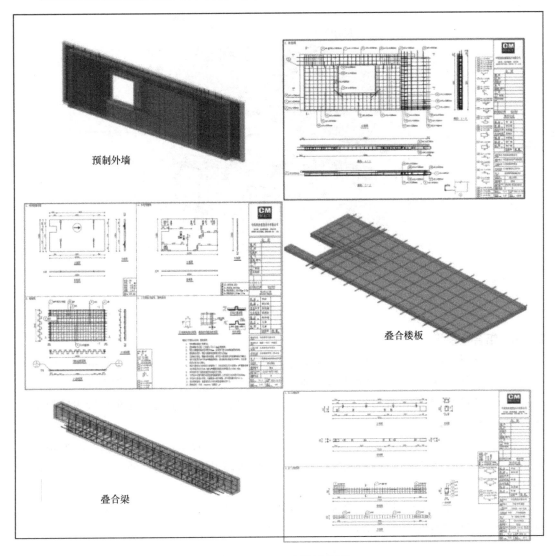

预制外墙

叠合楼板

叠合梁

图 2.3.5-1　工艺设计详图

1）构件平面布置图（将相应构件按结构体系进行拆分布置，并能清楚明了地表达每个拆分构件的基本信息，如构件尺寸、编号、方向等，箭头方向表示正视投影面）；

2）工艺节点大样汇总图（水平连接节点、竖向连接节点构件粗糙面或剪力键）；

3）构件详图（应包括构件模板尺寸、详细配筋、水电预留预埋、设计要求四部分）；

4）构件 BOM 清单（包含了该构件的材料、预埋件、钢筋等物料信息，并需标明物料编码）；

5）预埋件（包含吊钉、塑料胀管、防水橡胶条、岩棉、灌浆套筒、免拆模、门窗木方、水电预埋件等）。

为提高设计效率，避免设计错误。我们改变传统的"线条式"绘制方式，采用 BIM 技术进行工艺设计（图 2.3.5-2）。

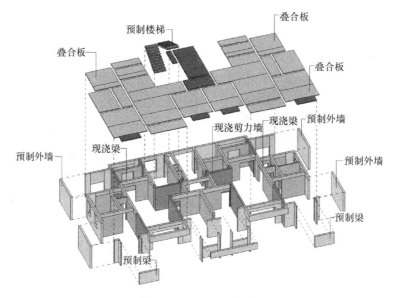

图 2.3.5-2　BIM 技术

2.3.6　铝合金模板

铝合金模板是一种具有自重轻、强度高、加工精度高、单块幅面大、拼缝少、施工方便的特点；同时模板周转使用次数多、摊销费用低、回收价值高，有较好的综合经济效益；并具有应用范围广、可墙顶同时浇筑、成型混凝土表面质量高、建筑垃圾少的技术优势。铝合金模板符合建筑工业化、环保节能要求。

铝模的采购成本约为 1050 元/m²，铝模的回收成本约为 350 元/m²，铝模的平均使用成本与其摊销次数成反比，摊销次数越大，使用成本越低。铝模周转使用次数一般可以达到 250～300 次，如维护较好，可以到达 400～500 次。

根据《云南省装配式建筑评价标准》DBJ 53/T－96－2018 第 4.0.1 条柱、支撑、承重墙、延性墙板等竖向构件采用高精度模板施工工艺，可计算装配率。

图 2.3.6　铝合金模板

2.4　高烈度区抗震安全性

2.4.1　国外装配式建筑规范

1. 美国（表 2.4.1-1、表 2.4.1-2）

美国装配式建筑规范及标准　　　　　　　　　　　　　　表 2.4.1-1

编号	名　称
ACI	Building Code Requirements for Structural Concrete and Commentary
	建筑结构混凝土规范
ACI117-10	Specification for Tolerances for Concrete Construction and Materials and Commentary
	混凝土施工和材料的偏差规程
ACI374. 1-05	Acceptance Criteria for Moment Frames Based on Structural Testing and Commentary
	基于结构试验的框架验证标准
ACIT1. 2-03	Special Hybrid Moment Frames Composed of Discretely Jointed Precast and Post-Tensioned Concrete Members
	预制和后张混凝土构件组成的混合框架
ACI523. 2R-96	Guide for Precast Cellular Concrete Floor，Roof，and Wall Units
	蜂窝混凝土楼盖、屋盖和墙指南
ACI523. 4R-09	Guide for Design and Construction with Autoclaved Aerated Concrete Panels
	蒸压加气混凝土板的设计与施工指南
ACI533R-11	Guide for Precast Concrete Wall Panels
	预制混凝土墙板指南
ACI550. 1R-09	Guide to Emulating Cast-in-Place Detailing for Seismic Design of Precast Concrete Structures
	等同现浇预制混凝土结构抗震设计指南
ACI551. 1R-05	Tilt-up Concrete Construction Guide
	立墙平浇施工指南
ACI551. 2R-10	Design Guide for Tilt-up Concrete Panels
	立墙平浇设计指南

美国装配式建筑规范及标准　　　　　　　　　　　　　　表 2.4.1-2

Manual for Quality Control for Plants and Production of Structural Precast Concrete Products
结构预制构件的制作质量控制手册
Manual for Quality Control for Plants and Production of Architectural Precast Concrete Products
建筑预制构件的制作质量控制手册
Architectural Precast Concrete（3rd Edition）
建筑预制混凝土（第 3 版）
Design and Typical Details of Connections for Precast and Prestressed Concrete（2nd Edition）
预制和预应力混凝土连接设计与典型构造

续表

Manual for the Design of Hollow Core Slabs
空心板设计手册
Erectors Manual-Standards and Guideline for the Erection of Precast Concrete Products
安装手册—预制构件的安装指南和标准
Precast，Prestressed Parking Structures：Recommended Practice for Design and Construction
预制预应力车库设计与施工
Tolerance Manual for Precast and Prestressed Concrete Construction
预制和预应力混凝土施工偏差手册
PCI Connection Manual for Precast and Prestressed Concrete Construction (1st Edition，2008) PCI
预制和预应力混凝土结构连接手册
Seismic Design of Precast/Prestressed Concrete Structures
预制和预应力混凝土结构抗震设计

2. 欧洲（表2.4.1-3）

欧洲装配式建筑规范及标准

表 2.4.1-3

编号	名　称
No. 6	Special Design Considerations for Precast Prestressed Hollow Core Floors（2000）
	预制预应力圆孔板楼盖
No. 19	Precast Concrete in Mixed Construction（2004）
	组合结构中的预制混凝土
No. 27	Seismic Design of Precast Concrete Building Structures（2004）
	预制混凝土建筑结构抗震设计
No. 41	Treatment of Imperfection in Precast Structural Elements（2007）
	预制结构构件的缺陷处理
No. 43	Structural Connection for Precast Concrete Buildings（2008）
	预制混凝土建筑结构的连接
No. 60	Prefabrication for affordable Housing（2011）
	预制保障性住房
No. 63	Design of Precast Concrete Structures against Accidental Actions（2012）
	预制混凝土结构抵抗偶然作用设计

3. 日本（表2.4.1-4）

日本装配式建筑规范及标准

表 2.4.1-4

发布年份	名　称
1982	壁式预制钢筋混凝土建筑设计标准及解说
1986	预制钢筋混凝土结构的设计与施工
1987	壁式钢筋混凝土结构构造配筋指南

发布年份	名　　称
1989	壁式预制混凝土竖向结合部的工作状况和设计方法
1990	钢筋混凝土建筑的极限强度型抗震设计指南及解说
1990	建筑抗震设计的极限承载力和变形性能
1994	预应力混凝土叠合楼板设计施工指南及解说
1997	建筑工程标准使用说明书及解说 JASS5 钢筋混凝土工程
1997	壁式结构相关设计标准及解说（壁式钢筋混凝土建筑篇）
1999	钢筋混凝土建筑的延性保证型抗震设计指南及解说
1999	钢筋混凝土结构计算标准及解说
2002	现浇同等型钢筋混凝土预制结构方针（案）及解说
2003	壁式钢筋混凝土建筑设计施工指南
2003	建筑工程标准使用说明书及解说 JASS10 预制混凝土工程

2.4.2　日本装配式建筑抗震技术

1. 日本装配式建筑规范要求

日本在装配式建筑的标准规范主要集中在预制混凝土构件和外围护结构方面，包括日本学会编制的：预制钢筋混凝土结构规范、预制钢筋混凝土外挂墙板规范、蒸压加气混凝土板材（ALC）技术规程。各种标准规范的主要内容包括：总则、性能要求、部品材料、加工制造、脱模、储运、堆放、连接节点、现场施工、防水构造、施工验收和质量控制等。

日本预制建筑协会还出版了预制混凝土构件相关设计手册，主要内容包括：预制混凝土建筑和各类预制混凝土技术体系介绍、设计方法、加工制造、施工安装、连接节点、质量控制和验收等。

2. 日本装配式建筑的结构类型

目前日本高层装配式住宅的主体结构以预制装配式混凝土框架结构（RPC、H-RPC）为主，在低层或多层住宅中也会采用钢结构住宅和木结构住宅（表 2.4.2）。

日本装配式结构 表 2.4.2

结构类型	简称	不同高度被采用的频率			
		低层≤3	中层 4~11	高层 12~20	超高层≥21
钢筋混凝土结构	RPC/WRPC	多	多	少	无
钢骨钢筋混凝土结构	SRPC	无	少	多	少
高强度钢筋混凝土结构	H-RPC	无	无	少	多
钢管混凝土结构	CFT	无	无	少	少
钢结构	S	多	少	少	少
木结构	W	少	无	无	无
被采用频率的总量：RC＞SRC＞H-RC＞CFT、S、W					

预制装配式混凝土框架结构（RPC、H-RPC）的特点：由于框架结构延性好、抗震性能好、结构受力明确、计算简单。采用框架结构自身的梁柱对建筑户型分隔影响较小。框架结构的预制构件加工和现场安装施工相对于其他体系要简单方便。

3. 《百年住宅建设系统认定基准》的要点

百年住宅的具体要点如下：

1）结构的安全性（防腐蚀、防腐朽、防磨损，抗震安全性）。

2）容易适应住宅利用状况的变化。

3）品质和性能（高龄人使用的方便性、能源的效率等）。

4. 日本装配式建筑抗震技术

日本于1968年就提出了装配式住宅的概念。1990年推出采用部件化、工业化生产方式、高生产效率、住宅内部结构可变、适应居民多种不同需求的中高层住宅生产体系。

1）日本PCaPC拼装结构技术

PCaPC工法是PreCast Prestressed Concrete的缩写，主要的意思是预制混凝土拼接安装成的建筑。其主要构件都是经过严密计算在工厂进行加工，和我国的桥梁施工有异曲同工的程度，现场再使用预应力钢筋进行组装，使整个建筑在一个整体上达到均匀受力，整体协调，取得最佳的抗震效果。

日本认为预制装配建筑分为：预制混凝土（PCa）与预应力混凝土（PC）。

PCa的优点：高强度和高质量的混凝土部品定型化构件的批量生产。

PC的优点：混凝土构件形成预压应力采用压接方式拼装（图2.4.2-1、图2.4.2-2）。

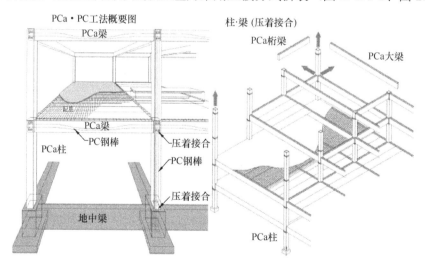

图2.4.2-1　日本装配式PCa和PC工法一

2）外壳预制核心现浇装配整体式RC结构体系

混凝土结构的梁、柱构件的混凝土保护层连同箍筋预制（称为预制外壳或永久性模板）、外壳装配定位并配置主筋后浇筑核心部分混凝土的装配整体式RC结构（图2.4.2-3）。

优点：

节省大量的施工模板；减少劳动力，交叉作业方便，加快施工进度；安装精度高，保证质量；节能节排；降低施工成本；结构具有良好的整体性、承载力特性和抗震性能。

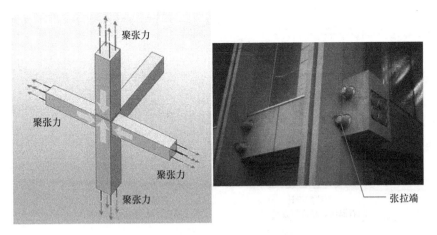

图 2.4.2-2　日本装配式 PCa 和 PC 工法二

图 2.4.2-3　预制混凝土梁、柱外壳

3）全装配式混凝土结构

目前，日本可以使用预制梁柱等建筑结构构件建造高度 200m 以上的超高层集合住宅工程，一般均是框筒结构，并设有隔震或减震层；在标准层以上，一般保持 4 天一层的工程进度；使用的预制结构构件对混凝土强度有强制要求，均为超高强度的混凝土；PC 构件须经权威机构认定，工程构造方案须经日本国土交通省审查通过（图 2.4.2-4）。

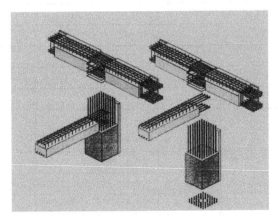

图 2.4.2-4　日本全装配混凝土结构

4）减隔震

日本的建筑师在抗震设计中比较成熟的设计理念，而要达到所需要的抗震效果，日本的设计单位首先会在建筑物下方设计一个特殊的抗震层以缓解作用力的平衡和均匀传递。这种在建筑物底部安装橡胶弹性垫或摩擦滑动承重座等抗震缓冲装置的设计，在日本叫"地基地震隔绝"技术。

大多的日本建筑均是柔性建筑，先在基础垫层上设置抗震带，以钢柱钢梁为骨架，钢筋混凝土为辅助进行施工，从外面看与我们的建筑没有太大的区别，但抗震效果及耐久性却大大地增加，不影响内部空间的使用效果及外墙装饰（图 2.4.2-5）。

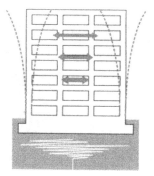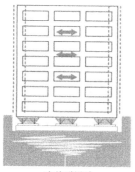

无抗震设计
左右摇摆，越高摇摆越厉害

有抗震设计
平行摇摆，均匀传递到地面

图 2.4.2-5 装配减隔震技术

2.4.3 国内装配式建筑抗震安全性

1. 规范条文

《装配式混凝土建筑技术标准》GB/T 51231-2016

《装配式混凝土结构技术规程》JGJ 1-2014

国家、行业标准均已较完善，作为高烈度区的设计依据。根据《装配式混凝土结构技术规程》JGJ 1-2014 第 6.3.1 条："在各种设计状况下，装配整体式结构可采用与现浇混凝土结构相同的方法进行结构分析。"即在进行结构分析时，装配式建筑可等同现浇结构。

2. 抗震等级（表 2.4.3-1）

《装配式混凝土结构技术规程》JGJ 1-2014

丙类装配式结构的抗震等级 表 2.4.3-1

结构类型		抗震设防烈度					
		6 度		7 度		8 度	
装配整体式框架结构	高度（m）	≤24	>24	≤24	>24	≤24	>24
	框架	四	三	三	二	二	一
	大跨度框架	三		二		一	
装配整体式框架-现浇剪力墙结构	高度（m）	≤60	>60	≤24	>24 且≤60	>60	≤24	>24 且≤60	>60
	框架	四	三	四	三	二	三	二	一
	剪力墙	三	三	三	二	二	二	二	一
装配整体式剪力墙结构	高度（m）	≤70	>70	≤24	>24 且≤70	>70	≤24	>24 且≤70	>70
	剪力墙	四	三	四	三	二	三	二	一
装配整体式部分框支剪力墙结构	高度（m）	≤70	>70	≤24	>24 且≤70	>70	≤24	>24 且≤70	>70
	现浇框支框架	二	二	二	二	一	二	一	
	底部加强部位剪力墙	三	二	三	二	一	二	一	
	其他区域剪力墙	四	三	四	三	二	三	二	

注：大跨度框架指跨度不小于 18m 的框架。

3. 最大高宽比（表 2.4.3-2）

高层装配整体式结构适用的最大高宽比　　　　　　表 2.4.3-2

结构类型	非抗震设计	抗震设防烈度	
		6 度、7 度	8 度
装配整体式框架结构	5	4	3
装配整体式框架-现浇剪力墙结构	6	6	5
装配式剪力墙结构	6	6	5

4. 最大适用高度（表 2.4.3-3）

"等同现浇"通过部分构件或构件的局部后浇、连接采用湿连接达到总体结构"等同现浇"的受力特性，同时为进一步保证结构安全，目前装配整体式结构适用高度比整体现浇结构降低 0~10m 不等。

装配整体式结构房屋的最大适用高度（m）　　　　　　表 2.4.3-3

结构类型	非抗震设计	抗震设防烈度			
		6 度	7 度	8 度 (0.2g)	8 度 (0.3g)
装配整体式框架结构	70	60	50	40	30
装配整体式框架-现浇剪力墙结构	150	130	120	100	80
装配整体式剪力墙结构	140 (130)	130 (120)	110 (100)	90 (80)	70 (60)
装配整体式部分框支剪力墙结构	120 (110)	110 (100)	90 (80)	70 (60)	40 (30)

注：《装配式混凝土结构技术规程》JGJ 1－2014 房屋高度指室外地面到主要屋面的高度，不包括突出屋顶的部分。

5. 结构计算

《装配式混凝土结构技术规程》JGJ 1－2014 对同一层既有现浇墙肢也有预制墙肢的装配剪力墙结构，现浇墙肢水平地震作用弯矩、剪力宜乘以不小于 1.1 的增大系数（图 2.4.3-1）。

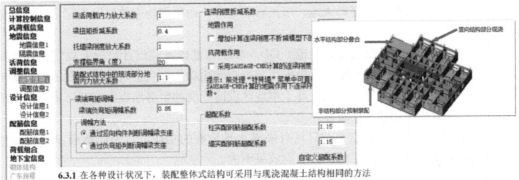

图 2.4.3-1　装配式建筑结构计算

6. 减震隔震

《云南省隔震减震建筑工程促进规定》应采用隔震减震范围：抗震设防 7 度以上区域内三层以上，且单体建筑面积 1000m² 以上的学校、幼儿园校舍和医院医疗用房；抗震设防烈度八度以上区域内单体建筑面积 1000m² 以上的重点设防、特殊设防类建筑；地震灾后重建三层以上，且单体建筑面积 1000m² 以上的公共建筑。

传统抗震技术的优点是构造简单，技术要求低；缺点则是以增大结构刚度来抵抗地震破坏，以结构构件破坏为代价消耗地震能量，在地震中可能造成建筑物垮塌的严重后果，震后的建筑物修复加固费用也非常巨大。传统抗震技术随着建筑物高度的增加，其适用性越来越差。因此，在高层建筑中，传统抗震技术正逐渐被新型抗震技术取代。

1）隔震技术

隔震技术是将过去传统的"硬抗"技术转变为"软抗"，采用基础隔震技术将建筑物的上部结构和基础"隔开"。所谓"基础隔震"，是在建筑物底部与地基之间，增加适当的缓冲物，使建筑物在受到地震波作用后的加速度反应大大减弱，同时让建筑物的位移主要由隔震系统承担，从而使建筑物在地震中产生的变形非常小，以达到防护目的。一般来说，基础隔震机构的地震反应只是抗震结构的 1/4～1/12，大大提高了结构的安全度。

叠层橡胶支座作为基础隔震系统最初是在 1965 年用于伦敦地铁车站上面的建筑，采用多层橡胶支座防止了地铁的振动传给上部建筑物。随后，这种基础隔震技术在国内外得到实际应用，取得很好的防震减灾效果。

例如，1994 年 1 月 17 日，在美国发生的洛杉矶地震，震级为 6.7 级，伤亡超过 7000人，损失很大。大多数医院因建筑内部设备损坏而失去使用功能。与此相反，南加州大学医院是一个地下一层、地上七层的隔震建筑。地震中该建筑内的各种仪器设备均未损坏，甚至花瓶也没有一个掉下来。之后的 1995 年 1 月 17 日，日本发生了 7.2 级"阪神"地震。震区内有两栋基础隔震建筑，一个为邮政楼，一个是研究所。同样神奇的是，基础隔震建筑不仅结构保持完好无损，内部设施也完全正常。

我国广东省汕头市陵海路有一座 8 层住宅楼，它建成于 1993 年，不仅是中国第一幢橡胶支座隔震房屋，也是当时世界上最高、最大的基础隔震住宅楼。它虽没有直接经受过地震的考验，但也间接验证了隔震建筑的不同寻常。2006 年 12 月 26 日，发生在我国台湾海域的强震也同样撼动了南粤大地，市民普遍有感，而隔震楼中的居民却完全没有感觉到晃动。

现行国家标准《建筑抗震设计规范》GB 50011 在基础隔震设计目标上规定：在遭受小强度地震影响时，建筑结构基本不受损坏和影响使用功能；当遭遇设防烈度的地震影响时，不需修理仍可继续使用；当遭受高于本地区设防烈度的罕遇地震影响时，将不发生危及生命安全和丧失使用功能的破坏。

叠层橡胶隔震支座的缺点是，只具有隔离水平地震的功能，对竖向地震没有隔震效果，特别是对于高层及超高层结构的隔震效果不大。

目前，除了研究和应用较多的叠层橡胶支座隔震技术外，还有砂垫层隔震、石墨垫层隔震、摩擦滑移支座隔震及橡胶隔震支座与摩擦滑移支座并联复合隔震技术等（图 2.4.3-2、图 2.4.3-3）。

目前应用较多的基础隔震元件是叠层橡胶支座。叠层橡胶支座是由一层钢板一层橡胶

图 2.4.3-2　框架结构橡胶隔震垫

层层叠合起来的，并经过加工将橡胶与钢板牢固地结合在一起。采用叠层橡胶支座的建筑物，设防目标一般可以提高一个设防等级。传统建筑的设防目标是"小震不坏，中震可修，大震不倒"，而设计合理的基础隔震建筑通常能做到"小震不坏，中震不坏或轻度破坏，大震不丧失功能"（图 2.4.3-4）。

2）减震技术

在物理学上，能够造成自由振动衰减的各种摩擦和其他阻碍作用，称为"阻尼"。安置在建筑结构系统上的阻尼装置，可以提供阻力来耗减地震能量，称为"阻尼器"。这种阻尼器用在建筑物的某些关键点上，可大量消耗地震输入到建筑物的能量，保护主体结构免遭破坏。

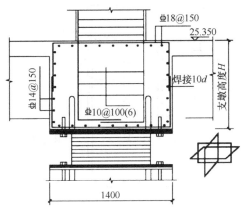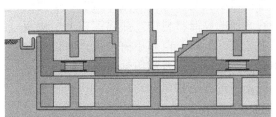

图 2.4.3-3　隔震支墩构造

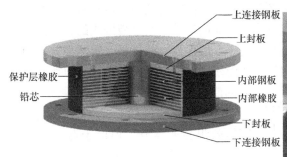

图 2.4.3-4　叠层橡胶支座

地震中建筑物的节点处受力最大，破坏也最严重，因此在建筑物节点处设置阻尼器的消能减震技术也应运而生。

在物理学上，能够造成自由振动衰减的各种摩擦和其他阻碍作用，称为"阻尼"。安置在建筑结构系统上的阻尼装置，可以提供阻力来耗减地震能量，称为"阻尼器"。这种阻尼器用在建筑物的某些关键点上，可大量消耗地震输入到建筑物的能量，保护主体结构免遭破坏。

阻尼器主要分为位移相关型、速度相关型及其他类型。黏弹性阻尼器、黏滞流体阻尼器、黏滞阻尼墙、黏弹性阻尼墙等属于速度相关型，即阻尼器对结构产生的阻尼力主要与阻尼器两端的相对速度有关，与位移无关或与位移的关系为次要因素；金属屈服型阻尼器、摩擦阻尼器属于位移相关型，即阻尼器对结构产生的阻尼力主要与阻尼器两端的相对位移有关，当位移达到一定的启动限值才能发挥作用。摩擦阻尼器属于典型的位移相关型阻尼器，但是有些摩擦阻尼器有时候性能不够稳定。此外，还有其他类型的阻尼器如调频质量阻尼器（TMD）、液压质量振动系统（HMS）和调频液体阻尼器（TLD）等。

目前，应用较多的阻尼器为黏滞液体阻尼器。这种消能减震的阻尼器具有保持建筑原貌、效果明显、节约经费和缩短工期等优点。

黏滞液体阻尼器是在美国发展起来的，随后日本、中国等国学者也开展了相关研究。随着对黏滞液体阻尼器性能研究的深入，已有一些建筑物成功应用了这种高效阻尼器，涉及高层建筑、高耸结构、桥梁、体育馆、海洋石油平台甚至卫星发射塔等。

（1）筒式黏滞流体阻尼器

筒式黏滞流体阻尼器由大小两个圆筒组成，大筒固定在下层楼面，内装诸如硅凝胶体等高浓度、高黏滞性的流体材料，小筒浸泡在大筒的黏滞材料中，并固定在上层楼板或其梁底。大筒上口和小筒顶板之间设有密封装置。这种阻尼器利用黏滞液体阻碍大小圆筒沿任意方向相对运动，从而达到减震的目的（图 2.4.3-5）。

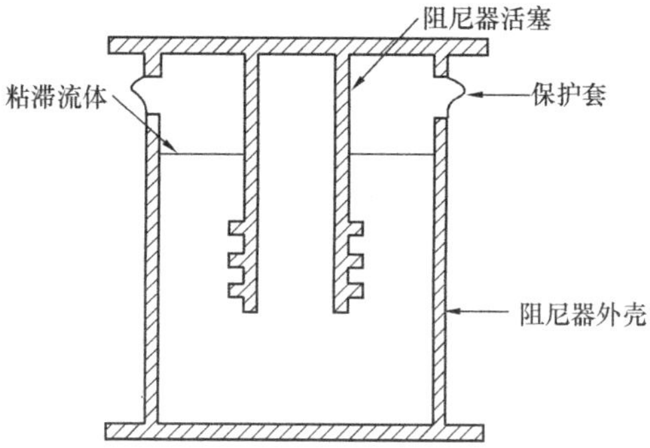

（2）黏滞阻尼墙

黏滞阻尼墙是一种箱式的黏滞阻尼器，多在框架结构中应用，在某些情况也起到隔墙的作用，所以称为阻尼墙，其耗能方向是平面方向。黏滞阻尼墙最早由日本公司始创。在黏滞阻尼墙中的活塞是一块钢板，该钢板只能在平面内运动，由外板围成的容器内装有黏滞流体。在结构中，其内钢板（活塞部分）固定于上层楼面，其外板（容器部分）则与下层楼面连接。地震作用下，楼层产生层间位移从而使黏滞阻尼墙里的流体被剪切，地震输入的能量得到耗散。

黏滞阻尼墙虽然能提供很大的阻尼力，减震效果也非常好，但由于造价高，所以其应用受到了限制（图 2.4.3-6）。

（3）杆式黏滞流体阻尼器

杆式黏滞流体阻尼器，当其中的流体受外界扰动流过孔隙时产生阻尼力，从而耗散外界输入的能量。这类阻尼器的结构构造主要沿用机械液缸的构造，由活塞杆、

图 2.4.3-5　筒式黏滞流体阻尼器

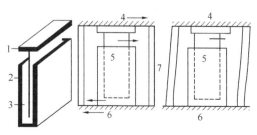

图 2.4.3-6　黏滞阻尼墙

1—内钢板；2—外钢板；3—黏滞材料；4—上层楼面；
5—黏滞阻尼墙；6—下层楼面；7—柱

活塞、油缸、黏滞流体等构成。依据活塞杆的构造不同可分为单杆式和双杆式；依据活塞上耗能构件的构造不同又可分为孔隙式、间隙式和混合式（图 2.4.3-7、图 2.4.3-8）。

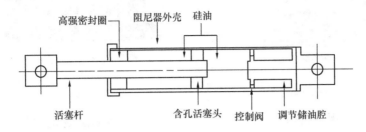

图 2.4.3-7　减震阻尼器构造

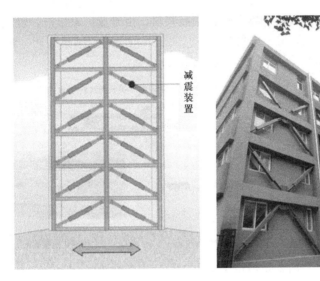

图 2.4.3-8　减震阻尼器

7. 抗震安全性保证措施（图 2.4.3-9）

水平构件叠合，竖向构件预制，节点现浇，底部加强区现浇。

图 2.4.3-9　抗震保证措施

1）界面处理措施（图 2.4.3-10）

粗糙面可采用印花、露骨料或拉毛处理，也可采用凿毛处理。

预制板与后浇混凝土的结合面应设置粗糙面，凹凸深度不小于 4mm。

预制梁、墙、柱与后浇混凝土的结合面应设置粗糙面，凹凸深度不小于 6mm。

预制梁端与现浇段连接处梁端设置键槽，键槽数量应满足抗剪计算要求。

2）钢筋连接

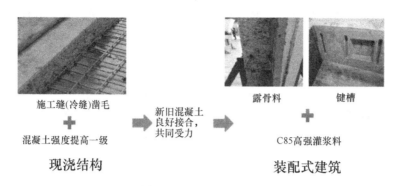

图 2.4.3-10　界面处理

套筒灌浆料采用超高强无收缩钢筋连接用灌浆料，由专业厂家生产，混凝土保护层厚度：预制剪力墙中不应＜15mm，预制柱中不应＜20mm，试验结果表明，断点在钢筋连接区域以外（图 2.4.3-11）。

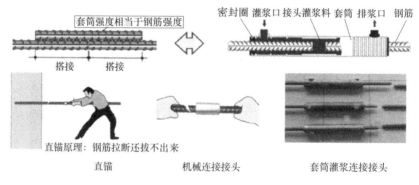

图 2.4.3-11　钢筋连接可靠度试验结果

3）节点现浇

在装配式结构中，构件连接节点区域和叠合部位为后浇混凝土（图 2.4.3-12）。

图 2.4.3-12　节点部位现浇

4）部分主体结构现浇

基础、地下室和传统结构一样，采用现浇混凝土结构；剪力墙结构底部加强区部位采用现浇混凝土；框架结构首层柱采用现浇混凝土，顶层采用现浇楼盖结构；框支结构转换梁、转换柱采用现浇混凝土，转换层及相邻上一层采用现浇混凝土。

　　5）试验验证

　　经过东南大学套筒灌浆连接剪力墙抗震试验验证，装配式建筑抗震性能和现浇结构一致（图 2.4.3-13）。

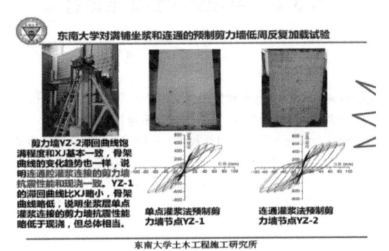

图 2.4.3-13　抗震试验结果展示

第3章　装配式围护体系新材

3.1　石膏墙体概述

磷石膏：是指在磷酸生产中用硫酸处理磷矿时产生的固体废渣，其主要成分为硫酸钙。磷石膏主要成分为 $CaSO_4 \cdot 2H_2O$，此外还含有多种其他杂质。

磷石膏一般呈粉状，外观一般是灰白、灰黄、浅绿等色，还含有有机磷、硫氟类化合物，重度 $0.733\sim0.88g/cm^3$，颗粒直径一般为 $5\sim15\mu m$，其主要成分为二水硫酸钙，其含量一般可达到 $70\%\sim90\%$，其中所含的次要成分随磷矿石产地不同而各异，一般都含有岩石成分 Ca、Mg 的磷酸盐及硅酸盐。我国目前每年排放磷石膏约 2000 万吨，累计排量近亿吨，是石膏废渣中排量最大的一种，排出的磷石膏渣占用大量土地，形成渣山，严重污染环境。

无论是国内还是国外，磷石膏资源化利用情况都不令人满意。全世界磷石膏的有效利用率仅为 4.5% 左右。日本、韩国和德国等发达国家磷石膏的利用率相对高一些。以日本为例，由于日本国内缺乏天然石膏资源，磷石膏有效利用率达到 90% 以上，其中 75% 左右用于生产熟石膏粉和石膏板。其他不发达国家磷石膏的利用率相对很低，一般以直接排放（抛弃）为主。

到 2011 年底，中国已累计堆积了超过 3 亿吨磷石膏。而中国磷石膏的有效利用率不足 10%，距国家"十一五"规划工业固体废物综合利用率达到 60% 的目标尚有较大差距。主要用于建材制品、土壤改良剂、水泥缓凝剂、化工原料等方面。

2013 年，国家发改委为磷石膏的综合利用提出了到 2015 年综合利用率达到 30% 的目标；在《工业副产石膏综合利用指导意见》中，工业和信息化部则提出了到 2015 年底，磷石膏综合利用率由目前的 20% 提高到 40%。

云南省是全国磷资源大省，全省有磷矿产地 30 多处，保有储量约 40 亿吨，占全国总储量的近 20%。每年增磷石膏最高将达到约 2000 万吨；同时还有大量历史磷石膏堆存。磷石膏的堆放占用大量土地，对环境造成很大的破坏，每年企业要花费大量资金对磷石膏处理适应装配式建筑发展需要，重点发展适用于装配式混凝土结构、钢结构建筑的围护结构体系，大力发展轻质、高强、保温、防火与建筑同寿命的多功能一体化装配式墙材及其围护结构体系，加强内外墙板、叠合楼板、楼梯阳台、建筑装饰部件等部品部件的通用化、标准化、模块化、系列化。开发适用于绿色建筑，特别是超低能耗被动式建筑围护结构的新产品。

3.2　规范标准

石膏砌块是环保、科技、节能、绿色的综合利用新型材料。国家立足资源保护和节约，重点鼓励推广之绿色建材。绿色装配式建筑的基础核心保障材料之一。

《石膏砌块》JC/T 698 - 2010

《石膏砌块砌体技术规程》JGJ/T 201 - 2010

《石膏砌块内隔墙》04J114 - 2

《石膏砌块》T/CBMF 36 - 2018

《石膏砌块应用技术规程》T/CBMF 48 - 2019

《粘结石膏》JC/T 1025 - 2007

《磷石膏》GB/T 23456 - 2018

《建筑石膏》GB/T 9776 - 2008

《石膏空心条板》JC/T 829 - 2010

3.3　石膏材料技术参数

石膏材料技术参数见表 3.3，检验报告如图 3.3 示意。

磷石膏复合材料技术参数（以 100mm 厚为例）

表 3.3

序号	名称	参数	备注
1	密度	$\leqslant 800 kg/m^3$	
2	抗压强度	$\geqslant 3.5 MPa$	
3	断裂荷载	$\geqslant 2kN$	
4	隔声	$\geqslant 38dB$	
5	耐火极限	1.5～3h	
6	抗冲击	5 次	无裂纹
7	单点受力	90kg	
8	软化系数	$\geqslant 0.6$	防潮砌块
9	导热系数	0.20～0.28W/(m·K)	
10	平整度	$\leqslant 1.0mm$	

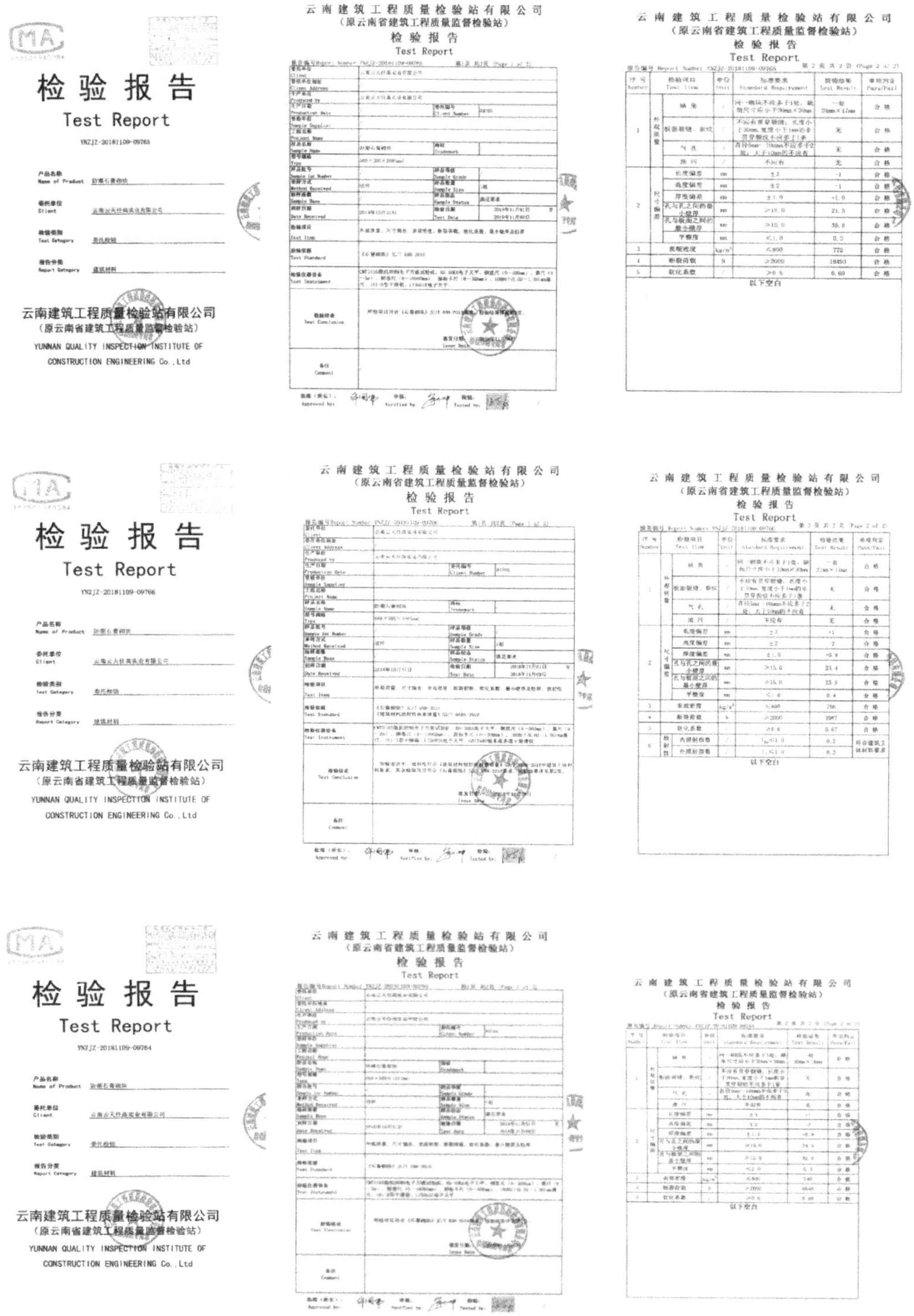
检验报告
Test Report
YNZJZ-20181109-09765
产品名称 Name of Product
委托单位 Client
检验类别 Test Category
委托检验
报告分类 Report Category
建筑材料
云南建筑工程质量检验站有限公司
(原云南省建筑工程质量监督检验站)
YUNNAN QUALITY INSPECTION INSTITUTE OF CONSTRUCTION ENGINEERING Co., Ltd
云南建筑工程质量检验站有限公司
(原云南省建筑工程质量监督检验站)
检验报告
Test Report
YNZJZ-20181109-09766
YNZJZ-20181109-09764
以下空白

图 3.3　检验报告

3.4　石膏砌块、板材、复合墙板特性

1. 防火安全性

主要是指耐火性好，石膏与混凝土相比，其耐火性能要高 5 倍。根据国外的试验结果，二水硫酸钙中结晶水的分解速度约为每 6mm 厚 15min，80mm 厚的石膏砌块分解时间需近 4h，耐火性能优越。国家标准《建筑材料及制品燃烧性能分级》GB 8624-2012 和《建筑材料难燃性试验方法》GB/T 8625-2005 将石膏制品列为不燃体。

100mm 厚的石膏砌块墙体耐火极限达 220min 以上，满足建筑防火墙标准，可不重设防火墙（图 3.4-1）。

图 3.4-1　防火安全性展示

2. 保温隔热性

1cm 厚的石膏层的保温性能相当于 3cm 的砖瓦层或 4cm 的砂浆抹面或 5cm 的混凝土墙的保温隔热性能。当普通外墙砖厚为 370mm 时，传热系数 1.34kcal/(m²·h·℃)，如果改用 100mm 厚的石膏板墙，其传热系数为 0.17kcal/(m²·h·℃)，可节能 60%。一般 80mm 厚的石膏砌块相当于 240mm 厚实心砖的保温隔热能力（图 3.4-2）。

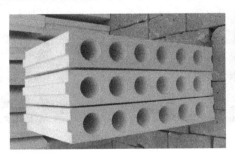

图 3.4-2　保温隔热性

3. 隔声性

以 100mm 厚的石膏砌块大墙体为例，其建筑隔声值已达 37～48dB，其他同类型同厚度建筑材料是难以达到此值的。

4. 自重及抗震性

双面抹灰黏土半砖墙重为 296kg/m²，一砖墙重量为 524kg/m²，100mm 厚加气块成

墙重 127kg/m² （其中双面抹灰 57kg/m²）。不用抹灰的石膏砌块墙体，100mm 厚约 72kg/m²，相当于黏土实心砖墙重量的 1/6，比加气块墙减轻自重 45％。

5. 空间价值

提高得房率，本产品墙体厚度 100mm 厚比使用 200mm 厚的加气块，可为用户增加 6％～13％的建筑净空间。

6. 计入装配率

石膏砌块属干法施工的高精免抹灰砌块，2018 年 10 月，云南省住房城乡建设厅发布的云南省工程建设地方标准《云南省装配式建筑评价标准》，将免抹灰高精砌块计入装配式建筑装配率。

7. 舒适性

是指石膏的"暖性"和"呼吸"功能。石膏建材的导热系数在 0.20～0.28W/(m·K) 之间，导热系数小，传热速度慢，人体接触时感觉"暖"；石膏建材的"呼吸功能"源于它的多孔性。这些孔隙在室内湿度大时，可将水分吸入，反之可将水分释放出来，能自动调节室内湿度，能使人感到舒适（图 3.4-3）。

8. 变废为宝

石膏建材均以工业副产磷石膏固废资源为主料。不仅解决了大量闲置堆积的磷石膏占用土地资源、污染水环境难题，同时减少水泥和黄沙用量，节约资源，保护了环境（图 3.4-4）。

图 3.4-3　石膏墙呼吸功能

图 3.4-4　石膏变废为宝

3.5　石膏墙体工艺

3.5.1　石膏砌块

定位放线、设置构造柱、砌道墙、铺砂浆、摆放砌块、拉结筋、梁下处理、开管线槽、预埋管线、修补墙面（图 3.5.1-1、图 3.5.1-2）。

图 3.5.1-1 砌块墙完成效果

① 定位放线：按图纸要求对预砌墙体弹好定位线和标高控制线

② 设置构造柱：墙长超过6m时应设置构造柱，构造柱可采用镀锌方管或现浇混凝土

③ 砌道墙：墙体底部第一皮采用混凝土空心砖砌筑

④ 铺砂浆：采用抗裂粘结石膏砂浆，该砂浆粘结力强，有效解决了传统砂浆粘结力差导致的开裂，可以实现5mm以内薄层砌筑，显著降低综合造价

⑤ 摆放砌块：铺浆后立即放置砌块，轻揉挤压一次摆正找平。砌块搭接长度一般不小于砌块长度的1/3。灰缝宽度和厚度应力4~5mm,原浆随砌随勾缝

⑥ 拉结筋：墙体转角处和纵横交接处沿墙均层砌块设置—L形连接件与混凝土用射钉连接

⑦ 梁下处理：砌块墙砌至接近梁、板底时，应留有空隙(10~15mm)待砌块墙砌筑完后填入泡沫交联聚乙烯，再用粘结石膏填实，可有效解决传统梁下板底开裂问题

⑧ 开管线槽：开槽应用切割机进行，可采用专用墙面开槽机，亦可采用手持电锯、手持锯进行开管线槽

⑨ 预埋管线：将预先准备好的管线、线盒置放到预先开好的管线槽中，固定好以后，清扫粉末

⑩ 修补墙面：采用石膏砂浆或石膏浆填补管线槽及需要修补的地方

⑪ 加工方便：本产品可以使用专用电锯或手持锯等切割工具，进行不同尺寸需求再加工

⑫ 墙面平整度好：本产品墙面砌筑完成后，平整度误差±1mm，无需进行传统的墙面找平抹灰，可直接刮涂腻子，大大节约人工、材料等成本费用，综合造价低

图 3.5.1-2 砌块墙施工工艺

图 3.5.2 石膏板材展示

3.5.2 石膏板材

石膏板材展示见图 3.5.2。

3.5.3 石膏喷筑

型钢＋石膏聚合物整体喷筑速凝自保温复合墙体，是以建筑石膏粉辅以高分子聚合物、轻质保温隔热材料等复配，在工厂预拌而成，主要应用于建筑物非承重墙体。采用轻钢龙骨等型钢为支撑结构，用石膏聚合物喷筑砂浆填充保温层、面层和防护层做成实心墙体。

现场用自动化机械以类似 3D 打印的方式喷筑，整体成型的速凝墙体，拥有优异的整体性能，是一种具有划时代意义的新型复合墙体。施工工艺设备于 2017 年进入工业和信息化部《国家工业资源综合利用先进适用技术装备目录》，得以大力推广。此项新材料、新工艺和新技术的应用，彻底解决了建筑物用其他围护墙体易出现的开裂、空鼓、拼装裂缝、冷热桥过度等问题；具有优异的抗震、防火、隔声、隔热、舒适、快捷、得房率高、经济、节能、环保等优势（图 3.5.3-1、表 3.5.3-1）。

图 3.5.3-1 喷筑过程展示

复合系统检测指标 表 3.5.3-1

检测项目	100mm	标准	120mm	标准
耐火极限	3h	1h	3h	1h
空气声计权隔声量	42dB	35dB	49dB	40dB
面密度	77kg/m²	≤80kg/m²	92kg/m²	≤96kg/m²
传热系数 K			1.0W/(m²·K)	≤2.0W/(m²·K)
抗压强度	3.5MPa	≥3.0MPa		
抗冲击性能			12 次	5 次

1. 复合墙体优势

① 质量轻，面密度小；

② 力学性能优异，抗冲击性、抗弯曲、悬挂能力强；

③ 良好的隔声性能；

④ 优越的防火性能；

⑤ 自成二次结构体系，墙体免构造柱及门窗过梁，整体成型，抗震性能优异；

⑥ 墙体更薄，增大净使用面积，得房率提高；

⑦ 材料绿色环保，无放射性及有害元素，会呼吸的暖性墙体；

⑧ 材料水化微膨胀，黏性强，杜绝建筑物墙体的空鼓、开裂等质量通病；

⑨ 水电线路预埋，避免墙体二次开凿；

⑩ 机械化施工，减少人力成本、提高施工效率；

⑪ 材料可作钢结构被覆层，解决"冷热桥"效应，实现节能；

⑫ 材料可塑性强，无需养护，实现结构、装修、装饰一体化。

2. 材料构成（图 3.5.3-2）

图 3.5.3-2 材料展示

3. 性能指标（表 3.5.3-2）

石膏墙体性能指标 表 3.5.3-2

序号	厚度	项目名称	单位	检测结果	标准
1	100mm	耐火极限	h	3	≥1
2		空气声计权隔声量	dB	42	35
3		面密度	kg/m²	77	≤80
4		抗压强度	MPa	3.5	≥3.0
5	120mm	耐火极限	h	3	≥1
6		空气声计权隔声量	dB	49	40
7		抗冲击性能	次	12	5
8		传热系数 K	W/(m²·K)	1.0	≤2.0
9		面密度	kg/m²	92	≤96

4. 施工机械（图 3.5.3-3）

图 3.5.3-3 施工机械

5. 墙体构造（图 3.5.3-4）

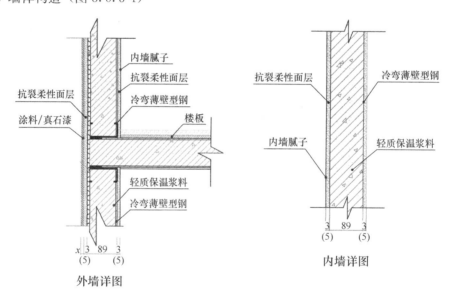

图 3.5.3-4 墙体构造

6. 施工流程（图 3.5.3-5）

图 3.5.3-5 施工流程

7. 与传统砌筑工艺对比（表 3.5.3-3）

石膏砌筑与传统砌筑工艺对比

表 3.5.3-3

序号	性能名称	墙 体 类 型	
		喷筑复合墙体 100～120mm 厚	加气混凝土块 200mm 厚
1	综合面密度	70～120kg/m²	200～300kg/m²
2	抗压强度	≥3.0MPa	2～3MPa
3	抗冲击性能	可抗 30kg 连续冲击 12 次	—
4	抗震性能	周边约束	两边约束
5	耐火极限	3h 以上	2h 以上
6	隔声性能	42dB 以上	36dB
7	单点吊挂力	90kg 以上	—
8	导热系数	≤0.16W/(m·K)	0.16W/(m·K)
9	抗裂性能	可杜绝空鼓开裂	质量通病
10	管线安装	可预埋/可安装	开槽安装
11	门窗连接	轻钢龙骨组合固定	圈（过）梁，构造柱需支模浇筑
12	墙体养护	无需养护	浇水养护
13	运输、施工	机械化垂直输送，机械喷筑，节省人工	施工电梯，人工搬运、砌筑粉刷施工
14	增加使用面积	4%～8%	—
15	施工速度	综合提高工效 50% 以上	—

3.5.4　石膏灌筑

二次结构一次成型的墙体摒弃传统墙材（如：砖、砌块、板材或其他填充材质）和成墙工艺，只用石膏砂浆和少量型钢完成一次性非承重墙体二次结构部分，进行现场永固性结合，密肋结构形式的型钢骨架使墙体物理性能指标成倍增长，整体成墙后刚柔兼具，抗破坏性能成倍加强（图 3.5.4）。

图 3.5.4　石膏灌筑

3.5.5 石膏抹灰

抹灰石膏属气硬性材料，与各种通用墙体材料粘合好，可薄抹灰（3mm）。机械喷涂每台喷浆机每天可完成墙面抹灰 500m² （1cm 厚）。施工效率高，场地清洁文明，是代替水泥砂浆的新型、节能、绿色、环保、经济的材料。既能满足墙体找平需要的合适强度，又比水泥更健康环保、持久耐用。抹灰石膏具有拉伸粘结强度大、水化微膨胀、干燥收缩率低、无需养护等特性，所以抹灰层不开裂、不空鼓等，使用简便，节省成本（表 3.5.5、图 3.5.5）。

抹灰石膏检测数据 表 3.5.5

检验项目	检验标准	检验结果
凝结时间（初凝）	≥60min	120min
凝结时间（初凝）	≤480min	300min
抗压强度	≥2.5MPa	5.15MPa
抗折强度	≥1.0MPa	2.05MPa
拉伸粘结强度	≥0.3MPa	0.5MPa
保水率	≥60%	86%
体积密度	≤1000kg/m³	840kg/m³
施工稠度水灰比		0.56：1

机喷

找平

拉毛

收光

图 3.5.5 石膏抹灰工艺

1. 附着性

抹灰石膏的附着、粘结性优秀，可适用于多种基材，因石膏材料特性决定石膏晶枝深入基面微缝，抓牢基面，抹灰层不易脱落。

2. 保温性

抹灰石膏隔热效果是水泥砂浆的 6 倍，抹灰石膏独有的呼吸、保水特性大大提高了房屋居住的舒适性，满足节能设计要求。

3. 防火性

石膏属于 A1 级防火建筑材料。石膏材料本身不可燃被加热时会释放大量结晶水，能有效地吸收热量延缓火势蔓延，保证房屋居住安全要求。

4. 舒适性

石膏建材具有较大的声音衰减指数；石膏建材本身的微孔隙结构有呼吸功能，具有一定的调节温湿度的能力；石膏建材与传统建筑材料比较保温性能优异，居住舒适。

5. 易施工

石膏抹灰材料硬化过程约为 2h，一周后即可进行面层施工，大大缩短工期，产品早强快硬，适合手工和机械化施工，作业效率提高 3～4 倍，大大降低综合施工成本。

第4章 装配式装修

4.1 概 述

装配式装修是区别于传统的现场湿作业的装修方式。在装配式建筑的建安过程中，装配式装修与装配式主体结构、机电设备等系统进行一体化设计与同步施工，具有工程质量易控、提升工效、节能减排、易于维护等特点，使装配式建造方式优势得到了更加充分地发挥和体现，因此，成为装配式建筑的重要环节组成部分。

装配式装修是通过标准化部件，进行灵活设计组合形成产品，以工厂化方式生产，现场进行组合安装的装修方式（图4.1）。全装修交房模式，防止了繁杂的二次再装修，能有效降低建筑整体成本和个体装修成本。

装配式建筑全装修或装配化装修政策规定，随同检验批验收随层装修，较传统装修模式节约整体工期30%～50%，加快交房速度并且综合效益明显，业主能提前入住150天以上。

图4.1 装配式装修

4.1.1 基本概念

装配式装修是指采用干式工法，将工厂生产的装修部品部件、设备和管线等在现场进行组合安装的一种装修方式。装配式装修综合考虑了结构系统、外围护系统、设备与管线系统等进行一体化设计。在居住建筑中，装配式装修的部品系统包括装配式楼地面子系统、装配式隔墙子系统、装配式吊顶子系统、集成厨房子系统、集成卫生间子系统、集成内门窗子系统，共同围合成居住建筑室内空间六个面。室内设备和管线系统包括给水子系统、排水子系统、采暖子系统、通风子系统、空调子系统、电气子系统和智能子系统。

装配式装修部品系统与设备和管线系统融合在一起，两者不可缺失，共同构建了室内空间并满足了使用功能。在本章，提到的装配式装修是既包含了装配式装修部品系统，也包含了内装的设备和管线部品系统。装配式装修包含三个关键要素和概念：

1. 管线与结构分离

采用管线分离，一方面可以保证使用过程中维修、改造、更新、优化的可能性和方便性，有利于建筑功能空间的重新划分和内装部品的维护、改造、更换；另一方面可以避免破坏主体结构，更好地保持主体结构的安全性，延长建筑使用寿命。

2. 干式工法施工

干式工法施工装修区别于现场湿法作业的装修方式，采用标准化部品部件进行现场组装，能够减少用水作业，保持施工现场整洁，可以规避湿作业带来的开裂、空鼓、脱落的质量通病。同时干法施工不受冬期施工影响，也可以减少不必要的施工技术间歇，工序之间搭接紧凑，提高工效，缩短工期。

3. 部品部件工厂化定制

装配式装修都是定制生产，按照不同地点、不同空间、不同风格、不同功能、不同规格的需求定制，装配现场一般不再进行裁切或焊接等二次加工。通过工厂化生产，减少原材料的浪费，将部品部件标准化与批量化，降低制造成本。

装配式装修从部品供给侧着手，将工业化部品、信息化过程与绿色化装配进行有机融合，成为引领一体化装修建造方式改革的重要发展方向。装配式装修与装配式结构的无缝结合，最大程度上实现了绿色施工。有利于节能减排、提高建筑质量和品质，促进产业转型升级。图 4.1.1 展示了传统装修与装配式装修的现场对比图。

装配式装修	传统装修
设计维度	户型模数化，部品规格规范	户型不统一、尺寸多变
施工界面	主体结构施工完毕移交	二次结构施工完毕移交
地面施工	地面模块体系一次铺装完成	施工工艺复杂、大量湿作业
墙面施工	集成墙体龙骨调平，免找平、铺贴	工序多、易空鼓脱落，受气候影响大
吊顶施工	厨卫吊顶特殊龙骨与墙板机械搭接	厨卫吊顶吊筋、打孔、拼板
管线施工	管线分离、专用连接件，易维修	管线开槽工效低，影响结构，难维修
排水施工	同层排水，水管胶圈承插	水管排水噪声大 上下层干扰
卫生间	卫生间集成化、整体防水底盘	卫生间施工复杂，易渗漏
后期维护	部品全装配化、备用件标准化	后期维修麻烦（刨墙刨地面）

图 4.1.1 传统与装配式装修对比图

4.1.2 基本特点

装配式装修包括五大基本特点，具体内容如下（图 4.1.2）：

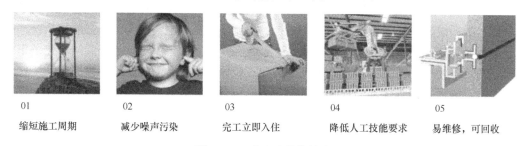

01 缩短施工周期　　02 减少噪声污染　　03 完工立即入住　　04 降低人工技能要求　　05 易维修，可回收

图 4.1.2 装配式装修特点

1. 装修部品集成化

将传统装修使用的材料通过工业化集成技术，实现可逆装配的部品部件，降低对施工现场的作业条件、作业机具、作业人员能力的要求，并形成可以大规模定制的模数化、标

准化、系列化、商品化的装修部品部件。

2. 现场施工装配化

依靠部品部件的标准接口与连接构造，实现点支撑、面支撑、点连接、线连接手段，将集成化的片状、线状的部品部件围合成居住建筑室内空间六个面立体空间和机电设备系统，实现成品交付。部品部件之间实现现场简单快速连接，降低对于工人操作技术的依赖，省时、省力、安装准确到位。

3. 施工过程绿色化

施工现场无须二次裁切等加工，规避因此而产生的噪声、粉尘、垃圾。部品多用机械连接，确保可拆卸二次利用的同时，减少现场的空气质量污染，也不会造成油漆等有害物质的散发，大大减少对周围环境的污染及对人体的损害，可以实现即装即住。

4. 施工组织高效化

出厂部品中每个部件设置有唯一编码，不但便于现场精准配送，减少倒运所产生的浪费，提高施工效率，而且可以对部件进行质量追溯，并对严重质量隐患部件可以实施召回，这是将汽车工业的质量追溯与召回应用到装修部品质量监控和售后服务上。

5. 成本控制透明化

基于 BIM 技术的三维正向设计的装配式装修，通过模型的碰撞检查及施工模拟，不但规避了现场构件的碰撞、避免了过程增项，而且在现场避免二次加工、减少原材料浪费。建造全过程得到很好的控制，从而实现了建造成本控制的透明化。

4.1.3　产品价值

1) 根据国家标准《装配式建筑评价标准》GB/T 51129-2017 和云南省地方标准《云南省装配式建筑评价标准》DBJ 53/T-96-2018，采用装配式装修体系可以获得 40 分评价分值（表 4.1.3）。

装配式装修在《云南省装配式建筑评价标准》DBJ 53/T-96-2018 中分值　表 4.1.3

评价项		评价要求	评价分值	最低分值
主体结构 （50分）	柱、支撑、承重墙、延性墙板等竖向构件	35%≤比例≤80%	20～30	20
	梁、板、楼梯、阳台、空调板等构件	70%≤比例≤80%	10～20	20
围护墙和内隔墙 （20分）	非承重围护墙非砌筑	比例≥80%	5	10
	围护墙与保温、隔热、装饰一体化	50%≤比例≤80%	2～5	
	内隔墙非砌筑	比例≥50%	5	
	内隔墙与管线、装修一体化	50%≤比例≤80%	2～5	
装修和设备管线 （30分）	全装修	—	6	6
	干式工法楼面、地面	比例≥70%	6	—
	集成厨房	70%≤比例≤90%	3～6	
	集成卫生间	70%≤比例≤90%	3～6	
	管线分离	50%≤比例≤70%	4～6	

2）2019 年 2 月 15 日住房和城乡建设部办公厅关于 38 项强制性工程建设规范公开征求意见稿发布，其中《住宅项目规范（征求意见稿）》中明确提出：

2.3.2 城镇新建住宅建筑应全装修交付，并应符合下列规定：

1 户内和公共部位所有功能空间的固定面和管线应全部铺装或粉刷完成；给排水、燃气、照明、供电等系统及厨卫基本设施应安装到位；

2 供水、供电、燃气、道路、绿地、停车位、垃圾及污水处理等规划配套设施应具备使用条件；

3 消防设施应完好，消防通道应畅通。

3）装配式装修是与装配式建筑的完美结合：

（1）装配式建筑必须全装修模式且评分项目 30 分，为创建装配式建筑 3A 等级评价提供加分条件。

（2）建筑工业化内装工程，实现设计标准、生产工厂化、施工装配化、管理信息化。装配化建筑采用各专业协同设计，减少各专业间碰撞，提高出图效率，为建筑工业化奠定了基础。

（3）预制墙体实现免批灰作业，减少大量现场批灰工程，加快进度同时也为文明施工创造良好环境。

（4）装配化装修工法，采用 SI 体系，实现管线分离，为户型变化创造条件。

（5）集成厨卫全程干法作业，实现快装快拼模式和干湿分离，淋浴区采用防水底盘，严防漏水。

（6）建筑、结构、机电与装修一体化设计，预制叠合板 120mm，架空层 50mm 以及基层饰面。

（7）其总厚度不超 0.2m，确保室内净空 2.7m。

（8）装配化部品部件，采用工业化生产，现场物理连接装配的方式，能防止室内环境污染物氡、游离甲醛、苯、氨、TVOC 浓度超标。

4）百年建筑：

装配式装修管线分离解决方案拟从三方面着手实现建筑长寿化：一是支撑体、设备管线、内装部品三者完全分离，避免传统内装在墙体和楼板内埋设管线的做法；二是让主体结构更耐久，进行结构耐久性优化设计；三是实现套内空间灵活可变，具有较高的适应性。管线分离技术体系已经成为国际上建筑工业化的通用体系与发展方向。结构墙体的埋管理线，是国外经过实践已被淘汰的做法。

4.1.4 管理模式

BIM 平台整合对接 MES、ERP、PMS 等供应/生产/制造管理系统，可实现装配式装修各专业、全过程的数字化掌控。装配式过程采用信息化＋工业化，像造汽车一样造房子，像做手机一样做装修（图 4.1.4）。

4.1.5 装配式装修优势

1）速度优势：纯干法施工速度快。

2）品质优势：标准化的产品体系和施工流程。

3）环保优势：无机材料为主的材料体系和无胶工艺（图 4.1.5）。

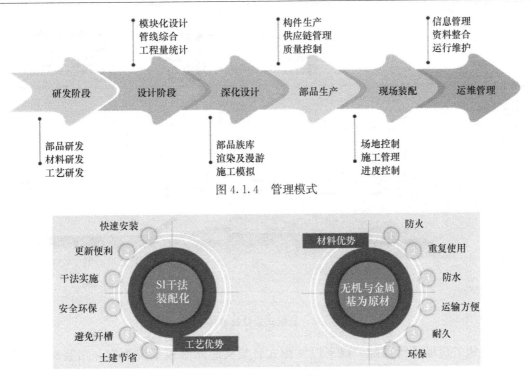

图4.1.4　管理模式

图4.1.5　产品优势

4.2　装配式装修集成技术

装配式装修集成技术是指从单一的材料或配件，经过组合、融合、结合等技术加工而形成具有复合功能的部品部件，再由部品部件相互组合形成集成技术系统，从而实现提高装配精度、装配速度和实现绿色装配的目的。集成技术建立在部品标准化、模数化、模块化、集成化原则之上，将内装与建筑结构分离，拆分成可工厂生产的装修部品部件。

部品可以大规模定制，系列完整、规格齐全、饰面材质丰富多样。特别重要的是，装修部品的接口标准、通用性、系列化、成套化，通过模数化的尺寸控制实现广泛的互换性；明确部品之间连接的标准接口类型、规格、接驳方式，应明确配套的部件、配件及零件构成。扩大部品的适用范围，在不同位置、不同类型建筑中都尽可能实现产品的通用和互换，达到降低制造成本，降低装配难度、减少内装部品规格、数量的目的。部品原材还要具有防火、防水、耐久、环保、重复利用等特性（图4.2）。

4.2.1　装配式隔墙系统

装配式隔墙系统是指采用工厂预制部品部件进行现场组装的自承重隔墙系统，常见的有装配式隔墙条板系统、装配式隔墙大板系统、装配式骨架夹芯隔墙板系统。装配式隔墙条板系统采用轻质材料制作，用于自承重内隔墙的非空心条板，按断面构造可分为实心（内铺设支撑骨架）条板和复合夹芯条板。装配式隔墙大板系统按隔墙整体设计尺寸、规格（预留门、窗洞口）在工厂预制，隔墙大板可以根据设计要求切割成不同规格的隔墙构件、装配式骨架夹芯隔墙板系统在工厂制作夹芯隔墙的龙骨、面板和支撑卡等部件以及连

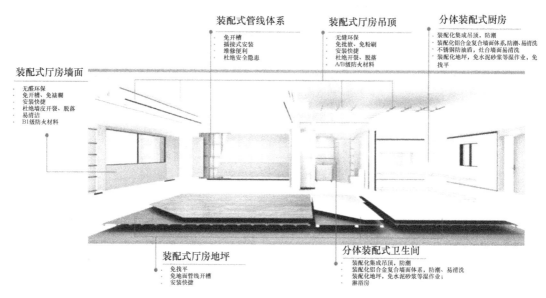

图 4.2 装配式装修技术体系

接件，在施工现场进行装配。以下以装配式骨架夹芯隔墙板系统为例介绍装配式隔墙系统。

装配式骨架夹芯隔墙板系统包括轻钢龙骨隔墙和装配式墙面板两部分，其中龙骨主要具有支撑功能，墙面板具有饰面功能，在龙骨与墙板之间，填充必要的机电管线和隔声材料。

1. 轻钢龙骨隔墙

装配式隔墙的支撑轻钢龙骨应与结构墙（柱）、梁、楼板牢固连接。根据隔声性能要求、设备设施安装需要设计隔墙厚度及各种龙骨的规格型号。轻钢龙骨隔墙内应根据使用部位要求填充防火及隔声材料，隔墙填充材料一般选用岩棉或玻璃棉类材料，如图 4.2.1-1 所示。

由于采用饰面、管线与支撑体分离，可利用隔墙的空腔敷设管线，实现装配式装修的管线与结构分离，也有利于后期空间的灵活改造和使用维护。但是当龙骨类隔墙上需要固定或吊挂超过 15kg 物件时，应设置加强板或采取其他可靠的固定措施，并明确固定点位。

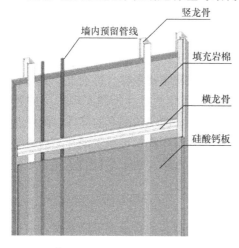

图 4.2.1-1 轻钢龙骨隔墙

2. 装配式墙面板

装配式墙面板可以采用复合涂装或者包覆技术，将带有仿真效果的瓷砖、陶瓷锦砖、大理石、木纹的图案或者壁纸整体包覆在墙板上。可以有效避免使用中的开裂、翘起。墙板与墙板之间采用铝型材扣压，铝型材将墙板牢牢地扣在结构墙或支撑体龙骨上，这种机械连接的方式可以实现可逆装配，便于维护与翻新。

装配式墙面板也可以采用真实石材、瓷砖与铝蜂窝板集成制造,实现干式工法大板。装配式墙面板构造优势使得拼缝质量良好,安装成本低,完成效果达到了瓦工铺贴瓷砖和油工裱糊壁纸的效果(图 4.2.1-2)。

图 4.2.1-2　装配式复合墙面板

4.2.2　装配式楼地面系统

装配式楼地面系统是指采用工厂预制部品部件进行现场组装的楼地面系统,该系统摒弃抹灰找平,并为管线与楼地面分离留有空腔,主要具有架空模块和装饰面层。架空层考虑管线空腔设计,可以敷设给水管、采暖管、强电管、弱电管,甚至通风和智能家居等。目前较为成熟的是型钢复合架空模块,具备可逆装配,安装快捷、使用耐久、防水、防火、不变形,不释放甲醛、易于维护等优点。在型钢复合架空模块上面可以铺贴干式工法的强化复合地板、实木复合地板、实木地板、石塑地板等,满足平整、耐磨、抗污染、易清洁、耐腐蚀要求(图 4.2.2)。

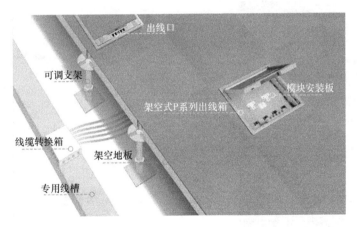

图 4.2.2　装配式干法楼地面系统图

装配式楼地面承载力应满足使用要求,连接构造应稳定、牢固。放置重物的部位应采取加强措施。架空模块须具备超过 1000kg/m^2 的支撑能力,不变形、无噪声。

4.2.3　集成厨卫系统

集成厨卫系统是指地面、吊顶、墙面、防水构造、厨房设备或者洁具设备及管线等部品通过设计集成、工厂生产,在现场主要采用干式工法装配而成的厨房或者卫生间。装配式装修提倡采用以集成式卫生间、集成式厨房为代表的高集成度内装部品,通过工厂化制作和加工实现现场模块化拼装,有利于实现集成化建造。集成厨卫应与建筑同步设计,协调预留净空尺寸、设备及管线的安装位置,特别是预留标准化接口。集成厨卫系统主要包括集成防水地面、集成防水防潮墙面及集成吊顶(图 4.2.3-1~图 4.2.3-3)。

图 4.2.3-1　装配式集成厨卫效果展示

图 4.2.3-2　集成厨房系统

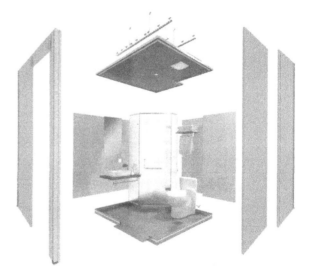

图 4.2.3-3　集成卫浴系统

1. 厨卫集成防水地面

集成厨卫的地面采用型钢复合架空模块构造，架空层可以布置排水管，型钢架空模块具有调节功能以便通过调节螺栓实现厨卫地面找坡要求。厨卫地面还应具有防水、防滑等性能。

集成式卫生间须有可靠的防水设计，在不分干湿区的整个地面及采用干湿分区的湿区地面均采用热塑复合防水底盘，形成可靠的地面防水构造。热塑复合防水底盘必须一次性加工成型并有立体反沿，墙板与热塑复合防水底盘预留可靠的搭接余量。卫浴门口处应有阻止积水外溢的措施，使用水区域和其他居室相分离。

热塑复合防水底盘要满足柔性生产，以便适应不用规格、不同形状、不同设备接口位置的防水底盘，具有快速应变和普遍适用性，复合工业化规模定制的要求。

2. 厨卫集成防水防潮墙面

厨卫空间的墙面，必须适应特定环境需要，具有防水、防潮、耐火、防划、耐擦洗等特征，模块化的墙板之间要有止水构造措施。集成式卫生间墙板内还需预设防潮隔膜，对于水蒸气渗透后形成冷凝水有隔离和疏导功能。集成厨卫的墙板饰面层可以采用仿真的瓷砖、陶瓷锦砖、大理石效果，并可设计成亮光或哑光。

由于集成厨卫墙面有较多的龙头、开关、插座、镜前灯、五金挂件等端口，墙板的板缝要避开上述端口；淋浴区宜采用整板，减少接缝；在烹饪区设置整块无缝墙板，易于打理。

集成式厨房的吊柜、挂墙式热水器、燃气表、吸油烟机等与墙面要集成设计，预设相应加固板等措施，确保吊柜、挂墙式热水器、燃气表、吸油烟机的受力连接构造透过饰面层，能够与结构墙或支撑体深层加固，确保安全。

3. 厨卫集成吊顶

厨卫集成吊顶内部集中了水、暖、电、风等管线，为减少碰撞并预留检修空间，尽可能减少吊顶内以吊杆、吊件作为吊顶板的支撑体，充分发挥墙板的支撑作用，且使墙板与吊顶板有协同调平。厨卫集成吊顶宜集成灯具、排风扇等设备实施整体集成，有利于提升装修品质，可一次性实施到位并为设备设施检修倾留条件。

4.2.4　装配式给水系统

传统的给水系统安装需要专业工具设备，施工效率低，施工质量依赖于工人的施工水平，装配式给水系统采用标准化部品部件，实现现场干作业快速安装。装配式给水系统采用快装承插接口技术，可订制化生产给水管，通过分水器现场快速连接，由于水管可以根据长度订制，实现了整根管除了出水端口暗藏管线无任何接头（图4.2.4）。

图 4.2.4　装配式给水系统

4.2.5 同层排水系统

同层排水系统是指卫生间内卫生器具排水管（排污横管和水支管）采用同层排水的敷设方式和集成产品及技术，管道不穿越楼板进入其他住户套内空间。排水管道在本层内敷设，采用了一个共用的水封管配件代替诸多的 P 弯、S 弯，整体结构合理，不易发生堵塞，而且容易清理、疏通，同时也方便个性化卫生间洁具的布置。当采用同层排水设计时，应协调厨房和卫生间位置、给水排水管道位置和走向，使其距离公共管井较近。

常见的同层排水系统包括降板式、不降板式。降板式系统中降板的高度一般采用30～40cm，方可满足横管安装坡度；做局部降板时，采用专用配件连接排水支管与立管，可以满足管道安装和排水横管的坡度需要。不降板式系统在结构楼板不降板、室内卫生间与其他房间地面面层高度保持一致的前提下，实现地面最薄的架空层内布置同层排水管线的构造方法，如图4.2.5所示。

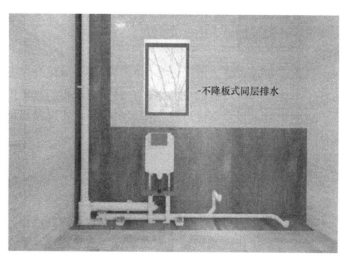

图 4.2.5　不降板式同层排水图

4.2.6 装配式集成采暖系统

传统地暖系统产品及施工技术，湿法作业，楼板荷载较大，施工工艺复杂，管道损坏后无法更换。装配式集成采暖系统是由基板、加热管、龙骨和管线接口等组成的地暖系统。具有施工工期短、楼板负载小、易于维修改造等优点。型钢复合采暖模块，充分将架空、调平、采暖、保护四重功能于一身。

对有采暖需求的空间，宜采用干式工法实施的地面辐射供暖方式；地面辐射供暖宜与装配式楼地面的连接构造集成。地面辐射供暖的方式有利于提升采暖的舒适度，通过和装配式楼地面的结合，将水管与装配式楼地面的支撑模块融为一体，借模块本身的空腔构造，布置采暖管并增加保温隔热措施，一体化集成即地面辐射供暖模块，是一款技术先进、向上散热向下保温效果很好，且造价增加不多，是个难得的复合体系，并且可以更大程度地发挥干法施工的优势，安装快速，维修简便（图4.2.6）。

4.2.7 装配式吊顶

装配式吊顶在结构楼板之下，通过上部与楼板吊挂或者通过与墙体支撑，预留顶部架空层，以便于敷设管线，优先采用免吊杆的装配式吊顶支撑构造。当需要安装吊杆或其他

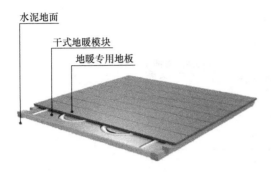

水泥地面

干式地暖模块

地暖专用地板

图 4.2.6　装配式地暖构造图

吊件及一些管线时，应提前在楼板（梁）内预留预埋所需的孔洞或埋件。装配式吊顶宜集成灯具、浴霸、排风扇等设备设施。顶板符合标准规格模块的前提下，尽量减少顶板数量以便减少拼缝。常用的吊顶连接构造有明龙骨与暗龙骨两种，常用的顶板有石膏板、矿棉板、硅酸钙复合顶板、铝合金扣板和玻璃等（图 4.2.7）。

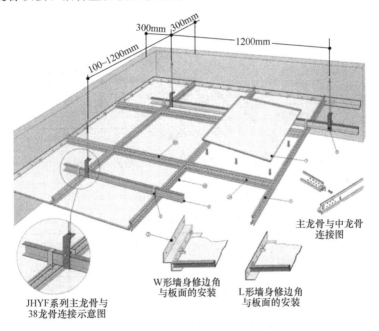

图 4.2.7　装配式吊顶

4.2.8　管线分离

一是支撑体、设备管线、内装部品三者完全分离，避免传统内装在墙体和楼板内埋设管线的做法；二是让主体结构更耐久，进行结构耐久性优化设计；三是实现套内空间灵活可变，具有较高的适应性。管线分离技术体系已经成为国际上建筑工业化的通用体系与发展方向。结构墙体的埋管埋线，是国外经过实践已被淘汰的做法（图 4.2.8）。

4.2.9　瓷砖薄贴法

薄贴法这个概念最早创始于德国，薄贴法的基本特征就是，用专业的瓷砖胶粘剂及齿形刮，在施工的基层先将瓷砖胶粘剂梳刮成条纹状，然后再铺贴瓷砖，厚度才 3～5mm，

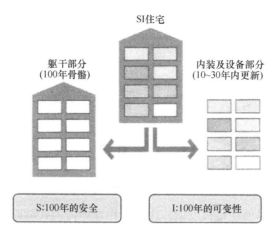

图 4.2.8　管线分离 SI 体系

而传统的厚贴法水泥砂浆的厚度都会在 15～20mm，相差甚远（图 4.2.9）。

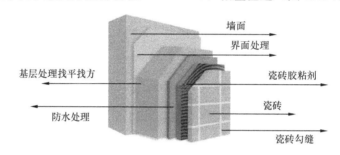

图 4.2.9　瓷砖薄贴法施工工艺

根据相关标准的规定，采用地砖薄贴法可计入装配率（表 4.2.9）。

瓷砖薄贴法总结分析　　　　　　　　　　　　　　　　表 4.2.9

功效分析	传统干硬砂浆，2 人一天约可完成 40m²；薄贴法一天可完成 88m²；一套地砖铺贴，约 39m²，现阶段与传统工艺可持平
质量提升	① 房间净高提升 3cm，楼面荷载约减少 40kg/m²，采用卡缝器可有效控制缝宽和砖缝高低差； ② 采用界面剂＋双面齿刮法，地砖空鼓率得到了有效控制； ③ 解决地砖翘曲、空鼓、脏污质量通病
减少人工、砂浆使用	① 铺贴、木地板找平材料大概需要 4 人工运送，3 人工砂浆找平施工； ② 节省材料：88 户型每户铺贴砂浆、木地板地面找平砂浆减少约 3.5m²
精装工业化	① 实现精装全干法作业，工作面整洁、干净； ② 可批量培养新型工业人才，减少瓷砖铺贴对老一代工人技术的依赖

4.2.10　信息化模型

装配式建筑＋BIM 技术应用＋装配式装修，有效地解决了设计、生产、安装三个阶段的脱节，有利于提前发现设计不合理现象；通过将设计方案、生产需求、安装需求集成在 BIM 模型中，在实际装修前统筹考虑设计、生产、安装的各种要求，有助于把实际生产、安装过程中可能产生的问题提前消灭（图 4.2.10）。

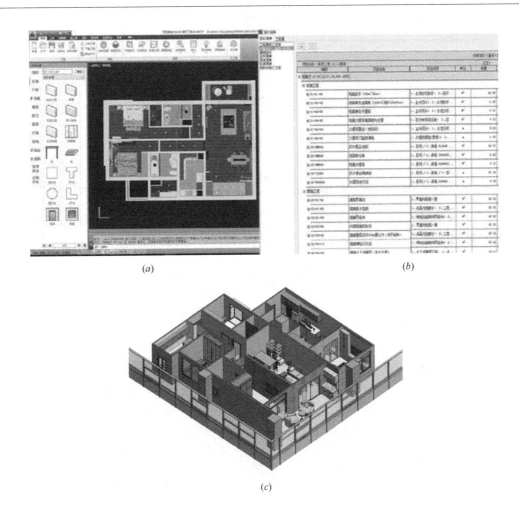

(a)

(b)

(c)

图 4.2.10 信息化模型

第5章 装配式建筑案例

5.1 国外经典案例

1. 悉尼歌剧院

悉尼歌剧院的贝壳形尖屋顶，是由 2194 块、每块重 15.3t 的弯曲形混凝土预制件用钢缆拉紧拼成的（图 5.1-1）。

图 5.1-1 悉尼歌剧院

2. Habitat 67

Habitat 67 是一座位于加拿大蒙特利尔圣罗伦斯河畔的住宅。设计师萨夫迪一般把 PC 部件做成柱、梁、墙、板等各个独立的单元，Habitat 67 却采用了两种完全新型的单元：一种是墙与楼板连在一起的立方体形的居住单元；另一种是长条状的 PC 走廊单元（图 5.1-2）。

图 5.1-2 加拿大 Habitat 67

3. 新加坡达士岭组屋

新加坡达士岭组屋，先由加工工厂预制剪力墙、楼板、梁、柱、卫生间、楼梯、垃圾槽等各个部件，再进行组装，整栋建筑的预制装配率达到 94％（图 5.1-3）。

图 5.1-3　新加坡达士岭组屋

5.2　国内典型案例

1. 地产类（图 5.2-1）

万科第五寓完全共享第五园人文大社区配套，书院、超市、学校、餐饮等设施一应俱全，外立面简洁时尚，内部园林也相当精巧。万科第五寓采用"全面家居解决方案"。在建造的过程中，设备安装和室内装修是可以同步完成的，这样令装修也能提升户型的使用空间。该项目是我国华南区域采用预制工业化技术设计和建造的第一栋工业化商品楼，设计充分利用模数化、标准化的工业设计理念，首次采用建筑设计、内装设计、部品设计流程一体化，立面材料和色彩的协调搭配、预制成型的外墙纹理以及标准化的立面金属部品，充分展现了工业化预制产品的精细感和肌理感。

图 5.2-1　万科第五寓实景图

2. 保障房类（图 5.2-2）

龙悦居是深圳市的一个保障性住房项目，位于龙华新区，北邻深圳北站，是深圳市

2010 年开工建设的"十大民生工程"之一，也是深圳市首个按绿色建筑标准建设的保障性住房住宅区。项目 3 期是由万科承建的工业化住宅小区，被称为全国首家建筑面积超过 20 万 m² 的工业化住宅小区。

3. 学校类（图 5.2-3）

江苏涟水外国语学校是涟水首个装配式建筑学校。总投资约 4.4 亿元，用地面积 95564.51m²，规划总建筑面积 66710m²。该项目整体设计为教学综合体，既节约用地，保证了内部空间使用效率，又提供了最大的户外空间。分为教学区、生活后勤、运动广场区三个部分，通过雨廊、中庭、多功能通道连接。同时，引入传统院落更具特色，更加符合涟水特色和学校氛围。同时，该项目还是涟水首个装配式建筑学校，由中民筑友建设有限公司承建。装配式建筑把预制好的房屋构件，运到工地装配起来，建造速度快，受气候条件制约小，可以有效地节约劳动力，提高建筑质量。

图 5.2-2 龙悦居三期实景图

图 5.2-3 江苏涟水外国语学校项目效果图

4. 办公类（图 5.2-4）

万科云城（一期）位于深圳市留仙洞战略型新兴产业总部基地，是集公寓、产业用房、商业及公共配套活动广场等为一体的城市综合体工程，也是深圳首个大规模建设的装配式高层办公建筑群。项目建设地块西侧为创科路，北侧为留光路，南侧为留新南路。该项目采用内浇外挂体系，所有建筑外墙采用预制外墙构件，楼梯采用预制楼梯，主体结构采用铝模现浇，室内隔墙采用轻质混凝土条板，并采用自升式爬架等装配式施工技术，预制率约为 17%，装配率约 60%（按深圳市计算方式）。

5. 医院类（图 5.2-5）

长沙仁康医院位于湖南省长沙市长沙县星沙街道金茂路，占地面积 15210m²，建筑面积 61210m²，为全国首个采用 EMPC 模式打造的装配式医院项目。

图 5.2-4 万科云城（一期）实景图

图 5.2-5　长沙仁康医院效果图

6. 钢结构（图 5.2-6）

中共云南省委机关办公大楼是 2009 年度中国建设工程鲁班奖（国家优质工程）获奖工程之一，由云南工程建设总承包公司承建，位于昆明市广福路 8 号，是具备办公自动化、楼宇控制、数字化会议系统、安防及综合配套功能的装配式钢结构办公大楼。

7. 木结构（图 5.2-7）

项目位于云南沧源佤族自治县立新村，设防烈度 8 度，50 年一遇的基本风压为 0.3kN/m²，安全等级二级。一层层高 3m，二层层高檐口处 3m，屋脊处 4.8m，跨度 3.9m。建筑面积 200m²，为装配式木框架结构。

图 5.2-6　云南省委机关办公大楼实景图

图 5.2-7　云南沧源佤族自治县立新村木框架民居实景图

5.3　高烈度抗震设防地区装配式建筑案例

1. 日本神奈川县横滨市前田公司大楼（图 5.3-1）

层数为地上 38 层；建筑高度为 126m；抗震设防烈度 9 度，0.4g。

2. 日本前田公司 58 层住宅（图 5.3-2）

层数为地上 58 层，建筑高度为 193.5。抗震设防烈度：9 度，0.4g。

图 5.3-1　日本神奈川县
横滨市前田公司大楼

图 5.3-2　日本前田公司 58 层住宅

3. 日本大阪北兵大厦（图 5.3-3）

建筑高度 208m；抗震设防烈度 9 度，0.4g。

4. 日本神户高层住宅（图 5.3-4）

层数为地上 29 层；建筑高度为 90m；抗震设防烈度 9 度，0.4g。

图 5.3-3　日本大阪北兵大厦

图 5.3-4　日本神户高层住宅

5. 北京市百子湾公租房工程（图 5.3-5）

层数为地上 27 层；建筑高度为 80m；抗震设防烈度 8 度，0.2g；装配率 60%。

6. 北京住总万科金域华府（图 5.3-6）

层数为地上 27 层；建筑高度为 79.85m；抗震设防烈度 8 度，0.2g；装配率 65%。

图 5.3-5　北京市百子湾公租房工程

图 5.3-6　北京住总万科金域华府

7. 昆明万科公园里（图 5.3-7）

层数为地上 34 层；建筑高度为 99m；结构形式为剪力墙；抗震设防烈度 8 度，0.2g；装配率 58%。

8. 宜良土桥村城市棚户区改造立体停车库（图 5.3-8）

层数为地上 5 层；建筑高度为 24m；结构形式为装配整体式框架-现浇剪力墙；抗震设防烈度 8 度，0.3g。装配率 71%。

图 5.3-7　昆明万科公园里　　　　　　　　图 5.3-8　宜良建投车库

9. 昆明俊发名城 N-9-A 地块项目（图 5.3-9）

建筑面积 232921m²；层数为地上 33～45 层；建筑高度为 128.6m；结构形式为剪力墙；抗震设防烈度 8 度，0.2g；预制率 15%。

图 5.3-9　昆明俊发名城 N-9-A 地块项目

10. 昆明万科大都会（图 5.3-10）

层数为地上 23～29 层；建筑高度为 99m；结构形式为剪力墙；抗震设防烈度 8 度，0.2g；装配率 65%。

图 5.3-10　昆明万科大都会

5.4　高烈度抗震设防地区装配式建筑项目案例分析

根据"到 2020 年提出的装配式建筑占比目标"进行划分,全国装配式建筑发展概况可以分为积极型、稳健型和迟缓型。

积极型:指那些明确提出到 2020 年实现装配式建筑占比达到 30% 以上的目标,占到总数的 21% 左右,其中包括:上海、北京、深圳、山东、浙江、湖南、江西、四川等。

稳健型:指制定试点示范期、推广发展期和普及应用期稳步实现目标,到 2020 年实现装配式建筑占比达到 15%～20% 以上,占到总数的 38%。其中包括:吉林、天津、河北、重庆、江苏、安徽、福建、湖北、广东、广西、贵州等。

迟缓型:指没有明确阶段性目标或详细目标,或目标与国家发布的一致。这部分省份最多,占到 41%。其中包括:辽宁、内蒙古、河南、山西、新疆、陕西、宁夏、广东、云南、海南、青海等。

我们从装配式建筑积极型发展地区开始,先通过一个成熟地区,例如湖南省装配式建筑的案例是如何实现,再通过两个装配式建筑起步地区,例如云南省的装配式建筑在高烈度抗震设防区是如何落地实现的。

5.4.1　湖南第一师范学院教师宿舍

1. 项目概况

湖南第一师范学院青年教师宿舍项目总建筑面积 16071m²,分南北两栋,南栋建筑面积 7714m²,地上 16 层,采用装配整体式剪力墙结构体系;北栋建筑面积 8315m²,地上 16 层,地下局部 1 层,采用装配整体式框架-剪力墙结构体系(图 5.4.1-1)。

2. 招标(图 5.4.1-2)

3. 设计

1)装配式结构体系

装配式结构体系的主要特点是"竖向预制、水平叠合、节点现浇"(图 5.4.1-3)。

2)结构分析

依据《装配式混凝土结构技术规程》JGJ 1－2014 第 6.3.1 条"在各种设计状况下,

南北栋标准层预制率统计情况

栋号	预制混凝土体积（m³）	总混凝土体积（m³）	预制率
南栋	144.93	256.20	56.56%
北栋	209.87	272.42	77.04%

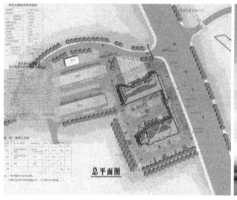

图 5.4.1-1　湖南第一师范学院青年教师宿舍项目效果图

湖南省发展和改革委员会文件

湘发改法规〔2015〕334 号

关于湖南第一师范学院青年教师周转宿舍
（公共租赁住房）项目变更招标方式的批复

湖南第一师范学院：

　　你单位《关于青年教师周转宿舍（公共租赁住房）项目申请变更招标方式的报告》收悉。经研究，现就该项目招标的有关事项批复如下：

知》（湘政办发【2014】111 号）第十五条第二款之规定："具有专利或成套住宅产业化技术体系的住宅产业化集团或企业总承包实施住宅产业化项目，按《中华人民共和国招标投标法实施条例》第九条第（一）、（二）款规定，设计施工可以不进行招标。"同意你院青年教师周转宿舍（公共租赁住房）项目设计施工可以不再进行招标。

湖南省发展和改革委员会
2015年5月11日

图 5.4.1-2　招标文件

装配整体式结构可采用与现浇混凝土结构相同的方法进行结构分析"。本项目采用"盈建科建筑结构设计系列软件"，按"等同现浇"的方法进行结构计算分析。同时，对同一层内既有预制又有现浇抗侧力构件时，在地震设计状况下对现浇抗侧力构件在地震作用下弯矩和剪力乘以 1.1 的放大系数（图 5.4.1-4）。

南栋装配式结构方案

北栋装配式结构方案

图 5.4.1-3　装配式结构体系设计方案

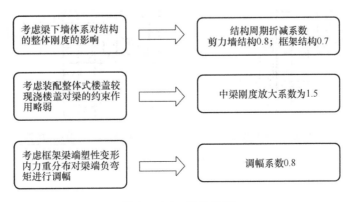

图 5.4.1-4　结构分析

3) 节点设计（图 5.4.1-5）

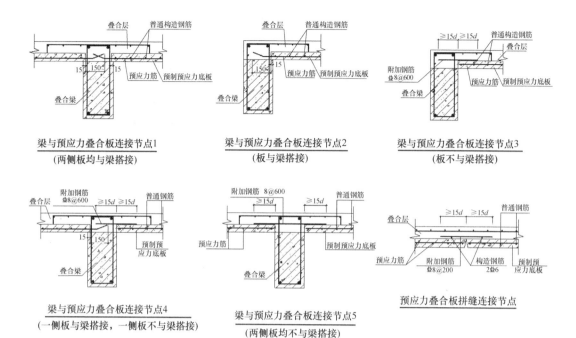

梁与预应力叠合板连接节点1
（两侧板均与梁搭接）

梁与预应力叠合板连接节点2
（板与梁搭接）

梁与预应力叠合板连接节点3
（板不与梁搭接）

梁与预应力叠合板连接节点4
（一侧板与梁搭接，一侧板不与梁搭接）

梁与预应力叠合板连接节点5
（两侧板均不与梁搭接）

预应力叠合板拼缝连接节点

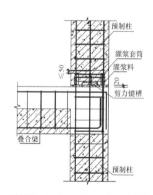

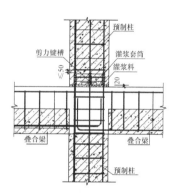

预制柱、梁中间层边节点连接节点

预制柱、梁中间层中间节点连接节点

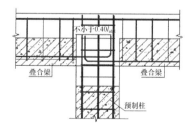

预制柱、梁顶层边节点连接节点

预制柱、梁顶层中间节点连接节点

图 5.4.1-5　节点设计

4. 堆放、运输、检验

1）堆放

预制叠合楼板、阳台、楼梯、梁、柱可采用叠放方式。层与层之间应用垫块垫平、垫实。堆场行车最大起重 40t，预制构件运架 2.55m×9m，最多可放 8 块墙板，堆场活荷载 4t/m²。

叠合楼板叠放层数≤6；

预制阳台、楼梯叠放层数≤4；

预制梁、柱叠放层数≤2。

预制墙板可采用插放或靠放，注意外饰面不宜作为支撑面，对止水条、高低口、转角等薄弱部位加强保护措施。

（1）竖向构件竖放（图 5.4.1-6）

（2）水平构件平放（图 5.4.1-7）

图 5.4.1-6　竖向构件堆放展示

图 5.4.1-7　水平构件堆放展示

2）运输

构件运输大平板车长度 23m，宽度 3m，高度 4.5m，转弯半径 12m，满载重量 60t（图 5.4.1-8）。

图 5.4.1-8　运输过程展示

3）检验

工厂生产的所有预制构件经驻厂监理严格把关，完成出厂检验，并粘贴出厂合格证后方可送往工地。出厂合格证上均附有二维码，公司通过信息化平台可以跟踪到每个预制构件的运输、安装实时动态（图5.4.1-9）。

5. 施工

1）预制楼板安装（图5.4.1-10）

图 5.4.1-9　构件二维码展示

图 5.4.1-10　预制楼板安装

设置临时支撑、控制板缝平整度。施工集中荷载或受力较大部位应避开拼接位置。预留筋伸入支座时不得弯折。塞缝要求：干硬性防水砂浆、防水细石混凝土（宽度＞30mm）。

2）预制柱安装（图5.4.1-11）

图 5.4.1-11　预制柱安装

安装前：校核连接钢筋的数量、规格、位置；

安装中：连接面混凝土无污损；

安装后：临时斜撑、调整垂直度。

3）预制梁安装（图 5.4.1-12）

图 5.4.1-12 预制梁安装

安装前：复测梁的搁置位置、验算临时支撑、复核钢筋；

安装中：注意伸入支座长度与搁置长度。

4）预制墙安装（图 5.4.1-13）

图 5.4.1-13 预制墙安装

临时斜撑不宜少于 2 道，宜设置调节装置。每件预制墙板底部限位装置不少于 2 个，间距不宜大于 4m。宜设置 3 道平整度控制装置，底部限位装置不少于 2 个，间距不宜大于 4m。阳角位置处，应以阳角垂直度为基准调整。

5）预制楼梯安装（图 5.4.1-14）

图 5.4.1-14　预制楼梯安装

预留锚固钢筋：先就位、再现浇；

预埋件焊接：先施工梁板、再搁置预制楼梯。

上下预制楼梯应保持通直。

6）预制阳台安装（图 5.4.1-15）

图 5.4.1-15　预制阳台安装

设置防倾覆支撑架；施工荷载不得超过楼板的允许荷载值；预留锚固钢筋应伸入现浇结构内；与侧板采用灌浆连接方式时，阳台预留钢筋应插入孔内后进行灌浆；灌浆预留孔直径应大于插筋直径的 3 倍，并不应小于 60mm，孔壁应保持粗糙或设置波纹管齿槽。

7）预制空调板安装（图 5.4.1-16）

板底应采用临时支撑。

预留锚固钢筋：先就位、再现浇；

插入式安装：注意槽口防水。

图 5.4.1-16　预制空调板安装

8）预制墙柱套筒灌浆（图 5.4.1-17）

图 5.4.1-17　预制墙柱套筒灌浆

9）楼面临边防护（图 5.4.1-18）

6. 验收

装配式结构分项工程的验收包括预制构件进场、预制构件安装以及装配式结构特有的钢筋连接和构件连接等内容。对于装配式结构现场施工中涉及的钢筋绑扎、混凝土浇筑等内容，应分别纳入钢筋、混凝土等分项工程进行验收（图 5.4.1-19）。

① 对工厂生产的预制构件，进场时检查其质量证明文件和表面标识。

② 预制构件上的预埋件、预留钢筋、预埋管线及预留孔洞等规格、位置和数量检查。

③ 预制构件的结合面检查。

7. 现场实景（图 5.4.1-20）

图 5.4.1-18 楼面临边防护

图 5.4.1-19 验收过程展示

图 5.4.1-20 装配式建筑施工现场图

5.4.2　云南城投古滇绿色康养健康城（一期）

1. 项目概况

本项目位于昆明市晋宁区晋城镇安江村，为分期开发的 4 号地块，场地周边交通便利，经济指标如下所示（图 5.4.2-1～图 5.4.2-4）。

图 5.4.2-1　项目总平面图

图 5.4.2-2　项目鸟瞰图

图 5.4.2-3　效果图

图 5.4.2-4　项目组织架构

总建筑面积：165850.38m²

地上计容面积：123236.00m²

地下面积：42321.92m²

建筑高度：50m

装配率：＞50％

抗震设防烈度：8 度，0.2g

建设单位：昆明欣江合达城市建设有限公司

总包单位：云南城投众和建设集团有限公司

勘察单位：中国有色金属昆明勘察设计有限公司

设计单位：昆明官房建筑设计有限公司

供板单位：云南城投中民昆建科技有限公司

装饰单位：云南城投众和装饰有限公司

监理单位：昆明建设咨询监理有限公司

技术咨询单位：中民筑友建设科技集团云南分公司

2. 技术策划

1) 装配率策划（表5.4.2-1）

装配率得分计算表　　　　　　　　　　　　　　　　表 5.4.2-1

《云南省装配式建筑评价标准》DBJ 53/T-96-2018

评价项	评价部位	装配率	项目装配率	装配内容
主体水平结构（20分）	楼板、楼梯、阳台板、梁、卫生间沉箱、核心筒楼板、屋面板（70%≤比例≤80%）	20	10	部分楼板叠合、楼梯预制、阳台叠合（叠合投影比例70%，装配率10分）
主体竖向结构（30分）	柱、支撑、承重墙、延性墙板等竖向构件采用高精度模板（70%≤比例≤80%）	30	10	高精度模板现浇（装配率10分）
围护墙和内隔墙（20分）	非承重围护墙非砌筑	5	5	外隔墙高精度砌块（计装配率）
	围护墙与保温装饰一体化	5		
	内隔墙非砌筑	5	5	内隔墙高精度砌块（计装配率）
	内隔墙与管线装修一体化	5		
装修和设备管线（30分）	全装修	6	6	精装交付
	干法楼地面	6	6	装配式装修
	集成厨房	6	6	装配式装修
	集成卫生间	6	6	装配式装修
	管线分离	6		
加分项（15）	加分项（BIM、减隔震、示范工程、民族特色、爬架等）	15		
总　分		115	54	＞50

注：1. ±0.00以上主体结构采用铝模＋叠合楼板工艺，楼板采用预制6cm＋现浇7cm的叠合板，装配式整体式楼梯、阳台；±0.00以下部位、剪力墙体系、底部加强区、屋面板采用现浇；

2. 围护体系内隔墙、外隔墙采用新型绿色建材；

3. 内装采用装配式装修。

2) 预制构件厂生产策划

以土官工厂PC生产为主，现场提前布置移动工厂，确保晋宁工厂9月份投产。编制科学的生产计划，合理划分生产流水段，信息化组织管理调度，产业工人不间断作业，流水线设备高效使用。

构件生产采用流水生产工艺。流水段的合理划分是保证构件质量和进度以及高效进行现场组织管理的前提条件。通过合理的流水段划分，能够确保各工种的不间断流水作业、材料的合理流水供应、机械设备的高效合理使用，从而便于生产组织、管理和调度，加快生产进度，有效控制生产质量。

图 5.4.2-5　晋宁绿色建筑科技园

晋宁绿色建筑科技园：项目投资 5 亿元，年产能 30 万 m³ 混凝土构件，已经于 2019 年 10 月 26 日投产（图 5.4.2-5），是云南省绿色装配式建筑产业基地。

玉溪绿色建筑科技园：项目投资 3 亿元，年产能 15 万 m³ 混凝土构件，2020 年 4 月投产（图 5.4.2-6）。

土官工厂：年产能 2 万 m³ 混凝土构件，2019 年 1 月投产（图 5.4.2-7）。

图 5.4.2-6　玉溪绿色建筑科技园

图 5.4.2-7　土官工厂

3）预制构件生产（图 5.4.2-8）

图 5.4.2-8　预制构件生产

4）施工吊装

① 装配标准层工艺流程（图 5.4.2-9）

② 工期节点与传统工期对比（表 5.4.2-2）

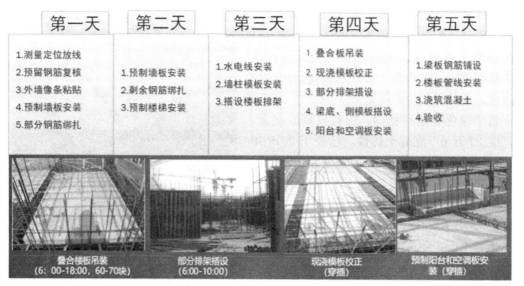

图 5.4.2-9　标准层吊装工艺流程

装配式工期与传统工期对比　　　　　　　表 5.4.2-2

序号	关键节点	传统工艺完成时间	PC 施工完成时间	对比
1	开工	2019.5.1	2019.5.1	
2	土方工程	2019.6.15	2019.6.15	持平
3	±0.00 以下结构	2019.7.15	2019.7.15	持平
4	主体传统部分		2019.8.1	
5	主体封顶	2019.9.15	2019.9.15	持平
6	装修工程	2020.1.15	2019.11.15	节省 60d
7	竣工	2020.4.1	2020.2.1	
8	施工总工期	337	277	共节省 60d

③ 构件吊装时间、班组、人数、分工（图 5.4.2-10、图 5.4.2-11）

图 5.4.2-10　用工及时间分析　　　　　　　图 5.4.2-11　构件现场临时堆放

5）造价及经济评估（表 5.4.2-3、表 5.4.2-4）

传统建筑与装配式建筑成本价对比   表 5.4.2-3

序号	项目名称	传统建筑 (18层住宅)	装配建筑 (18层住宅)	价差	备注
		元/m²	元/m²	元/m²	
1	人工费	500.55	392.73	−107.82	
2	材料费	513.89	759.48	245.59	
3	措施费、利润、规费	190.87	202.86	11.99	
4	税金(10%)	124.87	140.39	15.52	
5	汇总	1330.18	1495.46	165.28	

装配式建筑政策收益估算   表 5.4.2-4

序号	优惠政策	金额(元/m²)	备注
1	±0.000 开盘资金成本节约	100.00	房价按 12000 元/m²,贷款利息按 10% 年利率,提前 2 个月开盘,开盘前已投资 50% 计算
2	企业所得税优惠 15%		依实际测算
3	容积率奖励,实施面积奖励 3%	183.50	房价按 12000 元/m²,建安成本按 3000 元/m²,实施面积按 70% 计算
4	政策收益合计	283.5	

政策红利 283.50−成本增加 165.28=成本节约 118.22(元/m²)

3. 装配式结构设计(图 5.4.2-12~图 5.4.2-16)

图 5.4.2-12 单体效果图

结构形式:剪力墙结构

装配方式:采用高精模板现浇剪力墙+叠合楼板(6+7)

装配部位:楼板、楼梯、阳台板、外隔墙、内隔墙、装配式全装修

装配率:> 50%

1)建筑结构安全等级:二级。设计使用年限:50 年。建筑抗震设防类别:丙类。

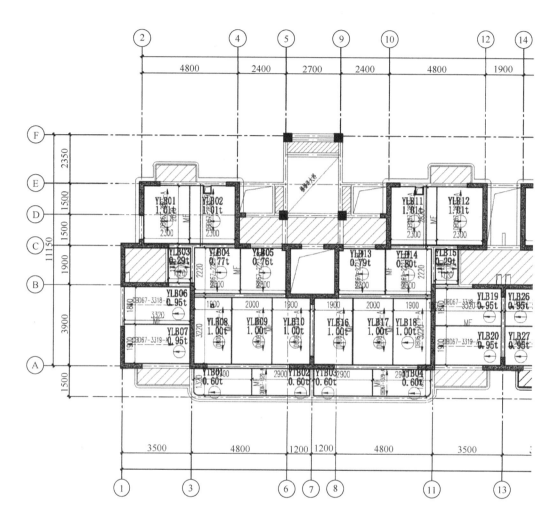

1.叠合板底板表示方法：

DBD××-××××-×

桁架钢筋混凝土叠合板底板(单向板)
预制底板厚度，以cm计
叠合层厚度，以cm计
预制底板代号
标志宽度，以dm计
标志跨度（板净跨），以dm计

2.图中叠合板跨度方向即导荷（箭头）方向，宽度方向即非导荷方向。
3.未注明板厚均为130mm（其中预制板厚60mm，现浇层厚70mm）。
4.除注明外，板混凝土强度等级同梁。
5.叠合板配筋详见"预制底板配筋表"。

预制底板配筋表		
板编号	跨度方向钢筋	宽度方向钢筋
DBD67-2823-A	Φ8@200	Φ8@250
DBD67-3318-A	Φ8@200	Φ8@250
DBD67-3319-A	Φ8@200	Φ8@250
DBD67-3229-A	Φ8@200	Φ8@250
DBD67-2223-A	Φ8@200	Φ8@250
DBD67-2223-B	Φ8@200	Φ8@250
DBD67-1117-A	Φ8@200	Φ8@250
DBD67-1358-A	Φ8@200	Φ8@250

图 5.4.2-13 标准层叠合板平面布置

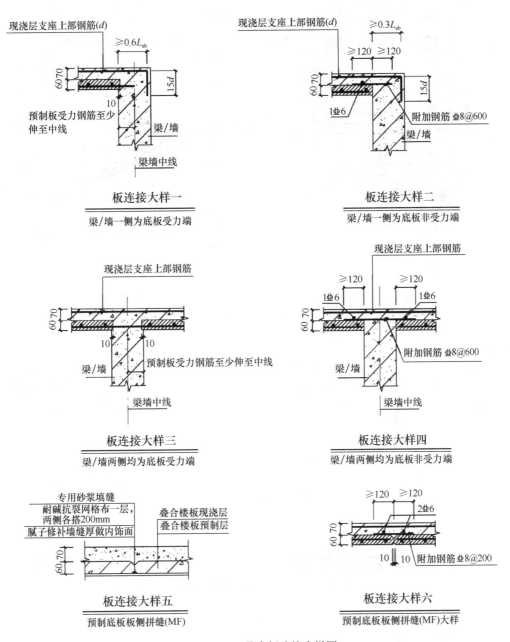

图 5.4.2-14　叠合板连接大样图

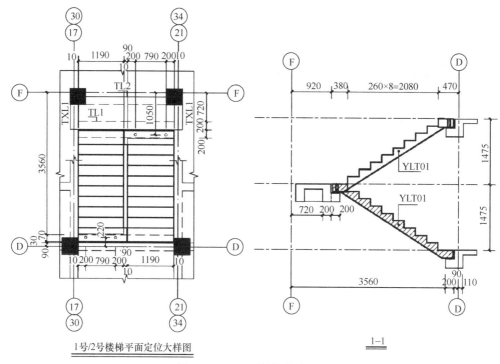

1号/2号楼梯平面定位大样图

1—1

图 5.4.2-15 预制楼梯结构图

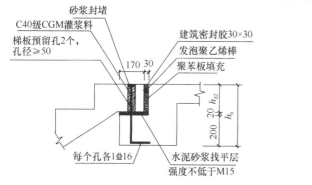

梯板（TB）上端大样 1:25

h_{d2} 为梯板上端厚度，h_b 为梯板支承梁的高度

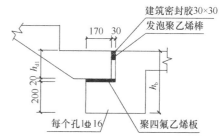

梯板（TB）下端大样 1:25

h_{d1} 为梯板下端厚度，h_b 为梯板支承梁的高度

图 5.4.2-16 预制楼梯节点详图

2）抗震等级：A 区为二级，B 区为三级。

3）抗震设防以及风荷载、雪荷载参数见表5.4.2-5。

抗震设防参数

表 5.4.2-5

抗震设防烈度	设计地震分组	设计基本地震加速度	建筑场地类别	场地特征周期	抗震构造措施	基本风压	地面粗糙度	全楼地震作用放大系数
8 度	第三组	0.2g	Ⅲ类	0.65	二级	0.3kPa	B 类	1.0

4）主体竖向受力构件采用高精度模板，外墙为全剪力墙（18 层），构造剪力墙和受力剪力墙之间设拉缝，结构拉缝构造如图 5.4.2-17 所示。

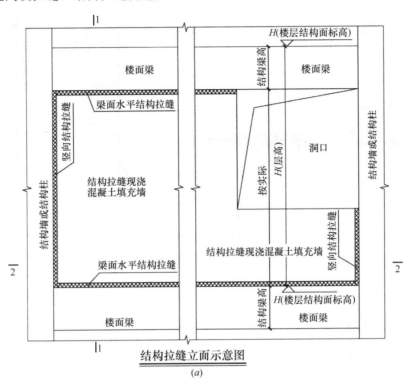

结构拉缝立面示意图

(a)

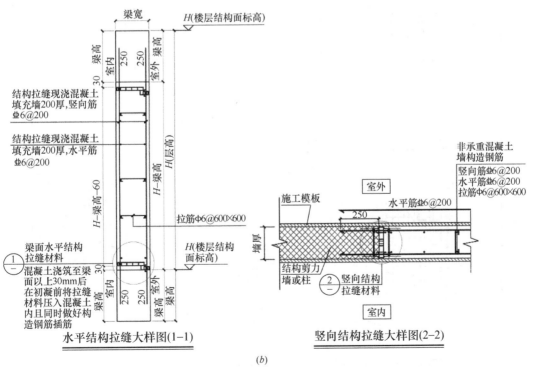

(b)

图 5.4.2-17　剪力墙结构拉缝详图（一）

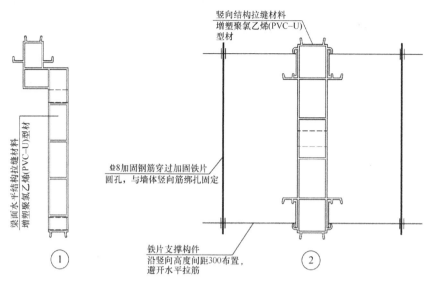

注：此处为成品构件，其材料及尺寸均由厂家提供，两边孔洞根据钢筋分布开孔。

(c)

图 5.4.2-17　剪力墙结构拉缝详图（二）

4. 装配式工艺设计

叠合板工艺设计如图 5.4.2-18 所示。

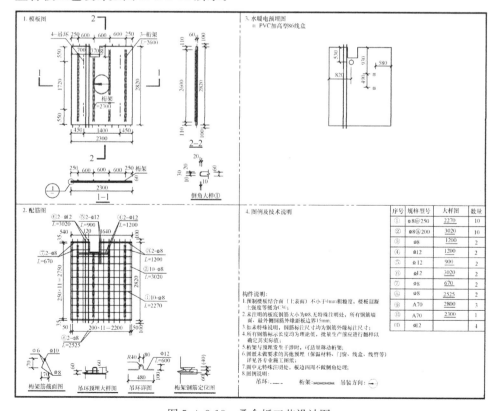

图 5.4.2-18　叠合板工艺设计图

楼梯工艺设计如图 5.4.2-19 所示。

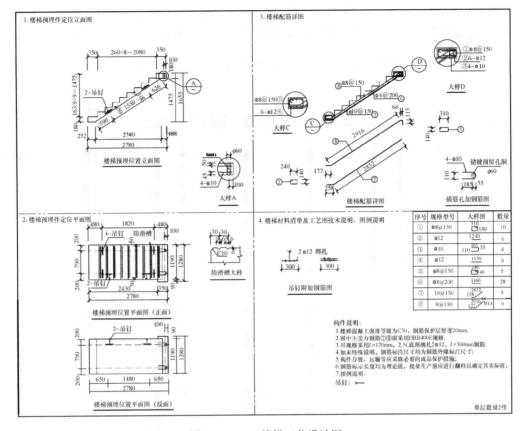

图 5.4.2-19 楼梯工艺设计图

5. 模具设计

1) 模具要求（表 5.4.2-6）

主要构件模具材料要求   表 5.4.2-6

序号	材料	内容		单位	构件类型（单位：mm）								备注
					墙	凸窗	阳台	楼梯	PM板	叠合楼板	悬挑工装	主筋定位工装	
1	钢模 Q235B	厚度	面板厚度	mm				6		63×63×5 角钢	50×30×3 方管	50×50×3 角钢	不超过300mm时，高边模翼缘板采用80mm；超过300mm时，可用100mm宽板
			筋板厚度（中间筋板）	mm				6					
			翼缘板厚度（外侧四边筋板）	mm				8					
		宽度	筋板宽度	mm				—					
			翼缘板宽度	mm				—					
		间距	筋板间距	mm				500					

2）楼板模具

等边角钢 L60×60×6，零件加工表面上不应有划痕擦伤等缺陷，线性及角度尺寸的极限偏差数值满足规范要求，模具间焊缝间隙控制＜0.5mm（图 5.4.2-20、图 5.4.2-21）。

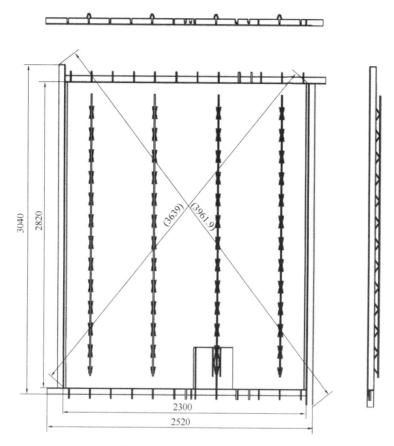

图 5.4.2-20　叠合板模具图一

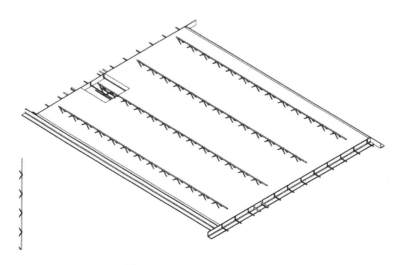

图 5.4.2-21　叠合板模具图二

3）楼梯模具

楼梯模具类型采用卧模。楼梯共有两种类型，分左右镜像。为方便生产，左右镜像构件各配模一套（图 5.4.2-22）。

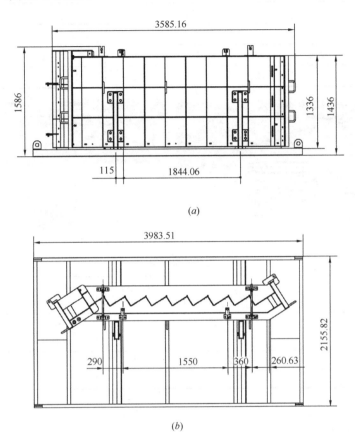

(a)

(b)

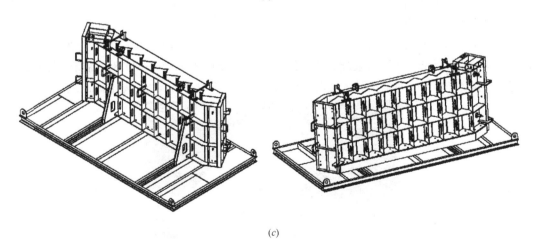

(c)

图 5.4.2-22　预制楼梯模具图

6. 构件生产（表 5.4.2-7、表 5.4.2-8、图 5.4.2-23）

车间生产线情况 表 5. 4. 2-7

生产线	项目名称	PC类型	单层构件数	单层体积（m³）	模具数量（套）	占用模台数（台）	层生产周期（d）	日产量（m³）
固定模台	古滇康养健康城27～29号	楼板	60	20.12	40	9	2	10.26
		阳台板	12	2.8	6	2	2	1.377
		楼梯	6	5	6	0	2	2.49
	小计		78	27.92	52	11	6	14.127

图 5.4.2-23 构件工厂加工图

生产人员核算 表 5. 4. 2-8

序号	生产线	构件类型	目标工效（m³/人）	日均方量（m³）	人员配置
1	固定模台	桁架楼板	1.2	10.06	9
2		阳台板	1.0	1.4	2
3		楼梯	1.4	2.5	2
合计			1.2	13.96	13

根据生产计划和目标人均方量核算各生产线生产人员数量。

目标人均方量参考：桁架楼板 1.2m³/人，楼梯 1.4m³/人，阳台板 1m³/人。

7. 围护体系及内隔墙设计

砌筑墙体材料采用高精度砌块，按照 2018 年 10 月云南省住房和城乡建设厅发布的云南省工程建设地方标准《云南省装配式建筑评价标准》DBJ 53/T - 96 - 2018，高精度砌块属干法施工，在 2020 年 12 月底前计入装配式建筑装配率计算（图 5.4.2-24、图 5.4.2-25）。

图 5.4.2-24 高精度加气混凝土砌块

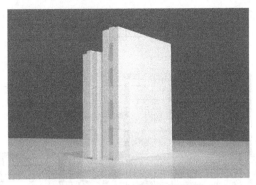

图 5.4.2-25　高精度石膏砌块

① 外隔墙：高层外隔墙采用构造剪力墙做法见施工图，多层外隔墙采用高精蒸压加气混凝土砌块，做法详见国家建筑标准设计图集《蒸压加气混凝土砌块建筑构造》03J104。

② 内隔墙：200mm、120mm 厚磷石膏高精砌块，砌块强度等级≥8.5MPa，做法详见国家建筑标准设计图集《石膏砌块内隔墙》04J114-2 。

③ 用水房间：卫生间、厨房墙体根部做 C15 现浇混凝土带，高 150mm，宽同墙厚。

④ 管道井壁采用 120 磷石膏高精砌块。管道井检修口尺寸 300mm×400mm，底边距地面900mm。当检修口位于主要空间时，内壁做吸声材料，并保证其完成后净空满足走管尺寸。

8. 装配式精装设计

1）精装设计（图 5.4.2-26～图 5.4.2-34）

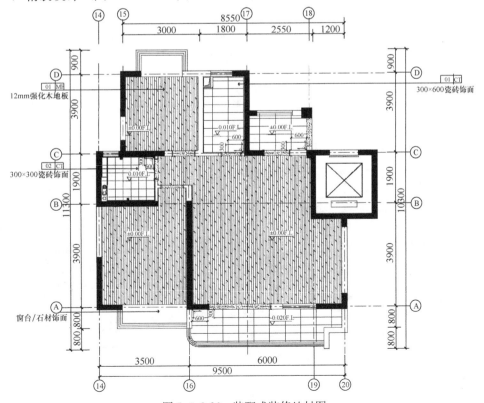

图 5.4.2-26　装配式装修地材图

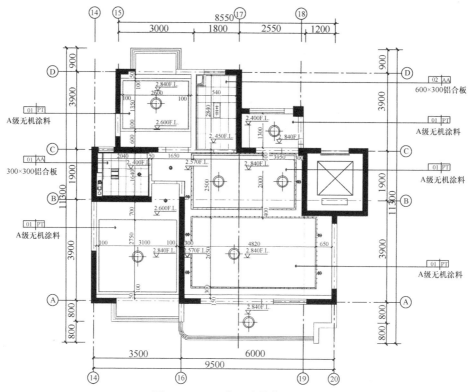

图 5.4.2-27　装配式装修顶面图

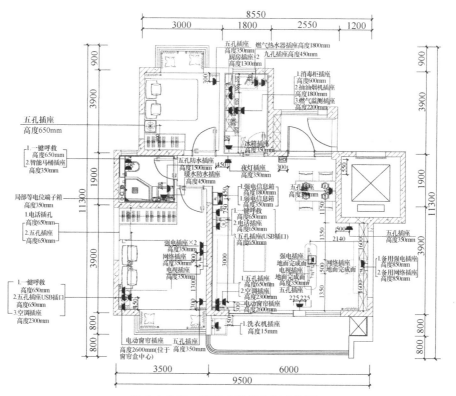

图 5.4.2-28　装配式装修电气点位图

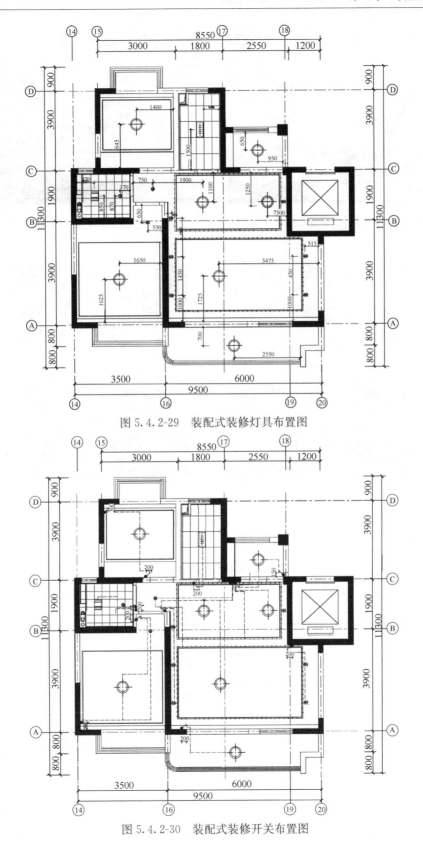

图 5.4.2-29　装配式装修灯具布置图

图 5.4.2-30　装配式装修开关布置图

图 5.4.2-31 装配式装修客厅效果图

图 5.4.2-32 装配式装修卧室效果图

图 5.4.2-33 装配式装修卫生间效果图

图 5.4.2-34 装配式装修厨房效果图

2）装配式评价标准装修得分（表 5.4.2-9）

装配式精装标准对比   表 5.4.2-9

标准 （元/m²)	装配率	工期缩短	全装修 6分	集成厨房 （4～6分）	集成卫生间 （4～6分）	干法地面 （6分）	管线分离 （4～6分）
1200	22%	40%	得6分	得6分	得6分	—	得4分
			使用性能 和功能	集成金属顶； 硅酸钙装饰板； 调平螺栓； 承压板瓷砖	集成金属顶； 竹质纤维饰板； 蜂窝复合地砖； 调平螺栓	—	大于 50%
1300	28%	50%	得6分	得6分	得6分	得6分	得4分
			使用性能 和功能	集成金属顶； 硅酸钙装饰板； 调平螺栓； 承压板瓷砖	集成金属顶； 竹质纤维饰板； 蜂窝复合地砖； 调平螺栓	调平螺栓； 承压板； 强化木地板	大于 50%

续表

标准 (元/m²)	装配率	工期缩短	全装修 6分	集成厨房 (4～6分)	集成卫生间 (4～6分)	干法地面 (6分)	管线分离 (4～6分)
			得6分	得6分	得6分	得6分	得4分
1500	28%	55%	使用性能和功能	集成金属顶；蜂窝复合瓷砖；调平螺栓；承压板瓷砖	集成金属顶；蜂窝复合墙砖；蜂窝复合地砖；调平螺栓	调平螺栓；承压板；强化木地板	大于50%

3）精装材料

（1）快装壁纸

材料特性：抗裂性能优良、干式壁衣作业、不透底不返色、成本价格适中、纹理款式丰富；

区域：客餐厅、卧室墙面。

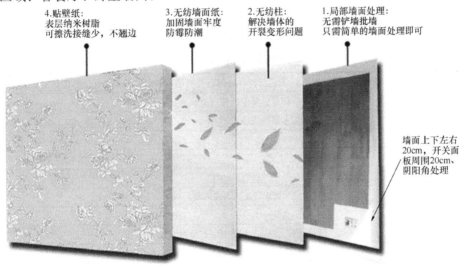

4. 贴壁纸：
表层纳米树脂可擦洗接缝少，不翘边

3. 无纺墙面纸：加固墙面牢度防霉防潮

2. 无纺柱：解决墙体的开裂变形问题

1. 局部墙面处理：无需铲墙批墙只需简单的墙面处理即可

墙面上下左右20cm、开关面板周围20cm、阴阳角处理

图 5.4.2-35　快装壁纸

（2）竹木质纤维装饰板（图 5.4.2-36）

材料特性：干法作业、快装快拼体系、色彩纹理自然、收边收口完整；

区域：卫生间墙面。

（3）硅酸钙装饰板（图 5.4.2-37）

材料特性：干法吊挂大板体系燃烧性能等级 A 级、防潮性能优良、色彩纹理丰富；

区域：厨房墙面。

（4）蜂窝板复合墙地砖（图 5.4.2-38）

材料特性：材料集成、干法作业、构造防水、燃烧性能等级 A 级、螺栓调平、完整体系；

区域：卫生间地面。

图 5.4.2-36　竹木质纤维装饰板

图 5.4.2-37 硅酸钙装饰板

图 5.4.2-38 蜂窝板复合墙地砖

4）配置清单（表 5.4.2-10）

配置清单（1200 标/m²）

表 5.4.2-10

项目名称	客餐厅	顶棚	石膏板吊顶 A 级无机涂料，局部石膏板吊顶（留灯带无筒灯，吊顶宽 300mm）
		墙面	乳胶漆（预留空调点位及电动窗帘点位）
		地面	强化地板、配塑木踢脚线
	玄关	顶棚	乳胶漆
		墙面	外墙涂料或墙砖
		地面	地砖
		入户门	步阳钢制防盗门、带 LOOCK（或同等品牌）智能门锁
	主卧室	顶棚	石膏线条＋窗帘盒
		墙面	乳胶漆（预留空调点位及电动窗帘点位）
		户内门	仿木纹复合平开门
		地面	强化地板、配塑木踢脚线
		窗台	大理石窗台板
	次卧室	顶棚	石膏线条＋窗帘盒
		墙面	乳胶漆
		户内门	仿木纹复合平开门
		地面	强化地板、配塑木踢脚线
		窗台	大理石窗台板
	卫生间（不含独立洗漱区）	顶棚	铝板或铝扣板吊顶（吊顶以上区域墙面、顶面无装修处理）
		墙面	墙砖
		卫生间门	铝合金平开门（带磨砂玻璃）
		地面	地砖、淋浴间为石材拉槽地面（建议）
	独立洗漱区	顶棚	铝板或铝扣板吊顶（吊顶以上区域墙面、顶面无装修处理）
		墙面	墙砖
		地面	地砖

项目名称	厨房	顶棚	铝扣板吊顶（吊顶以上区域墙面、顶面无装修处理）
		墙面	仿石纹玻镁饰面板
		地面	地砖
	家私	橱柜	配橱柜
		浴柜	配浴柜、镜柜带下灯带
室外	外窗		铝合金窗（中空玻璃）
	阳台	顶棚	外墙涂料
		墙面	外墙涂料＋地砖同色踢脚线
		地面	地砖
		栏杆	玻璃栏板
		阳台门	铝合金推拉门
设备	灯饰		① 客餐厅石膏板吊顶处安装灯带、主灯位安装白炽灯、公卫外安装小夜灯 ② 卧室吊顶处主灯位安装白炽灯 ③ 卫生间吊顶处安装多功能风暖 ④ 厨房吊顶处安装 LED 平板灯 ⑤ 阳台安装吸顶灯
	插座、电气开关		户内配总电源电箱及弱电箱；所有房间均装有面板开关、插座罗格朗及同等品牌（客厅和主卧配备五孔带 USB 插座）
	空调		预留空调机位和电源点位
	厨房	燃气灶	方太或同等品牌同等档次燃气灶
		抽油烟机	方太或同等品牌同等档次抽油烟机
		升降伸缩拉篮	橱柜内配备升降伸拉式拉篮及锅篮、碗篮
		水龙头	科勒或同等品牌同等档次洗菜冷热水龙头
		洗菜盆	科勒或同等品牌同等档次不锈钢洗菜盆
	卫生间（不含独立洗漱区）	洁具	科勒或同等品牌同等档次马桶和洗手盆
		淋浴隔断	玻璃淋浴隔断
		风暖	三雄极光或同等品牌同等档次风暖
		浴室镜柜	镜面带灯的镜柜
		其他	科勒或同等品牌同等档次主卫冷热水龙头、淋浴花洒，科勒或同等品牌同等档次客卫冷热水龙头、淋浴花洒配毛巾挂杆、三角置物篮、厕纸架
	有线电视宽带网络		客厅配备有线电视插座、配备电话插座、主卧配备电话插座；客厅、主卧配备宽带网络信息插座（均由客户自行申请开通）
	阳台		配有插座、地漏、阳台设置给水点
	智能化系统		楼宇可视对讲，客厅、主卧室、主卫配备应急呼叫按钮
	热水系统		从上往下 11 层有太阳能或预留煤气热水器点位
	市政	供水、排水	与城市公共供水、排水管网连接，具备使用条件
		供电	交付时纳入城市供电网络并正式供电、具备使用条件
		燃气	燃气管到户配燃气表（由客户自行申请开通及灶前阀后接管）
		供暖	本项目无供暖设施
备注			该标准以"113 户型"为例的户型交房标准，其余户型依据具体情况实施。 墙砖、地砖、门、柜体、复合地板、外墙涂料等因材料批次不同，可能会与展示区颜色样式等存在差异

5）装配式精装工法

（1）干法地面-木地板架空体系（图5.4.2-39）

特性：材料集成、干法作业、色彩纹理可选、管线分离创造条件；

区域：客餐厅、卧室。

（2）分水器配水（图5.4.2-40）

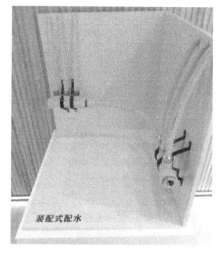

图5.4.2-39　干法地面-木地板架空体系　　　图5.4.2-40　分水器配水

产品特性：集中配水、一管至使用端、中间无接口、可靠、检修方便；

区域：建筑室内各区域。

（3）分电器配电

产品特性：不需套管、为管线分离创造条件；

区域：建筑室内各区域。

5.4.3　昆明万科金城南郡花园

昆明万城南郡花园是昆明工业化住宅，指通过标准化设计、工业化生产、装配化施工、一体化装修、信息化管理"五化合一"的建造方式，实现两提两减。标准化＋工厂化＋装配化＝有效降低水、电、木材等消耗量，减少大量的建筑垃圾、污水、工地扬尘，并有效提高施工效率。

1. 典型工程案例简介

1）基本信息

（1）项目名称：昆明·万科金城南郡花园2-1号地块三期；

（2）项目地点：昆明市官渡区矣六乡五腊村片区；

（3）开发单位：昆明万宝房地产开发有限公司；

（4）设计单位：云南中建人文工程设计院有限公司；

（5）深化设计单位：云南中建人文工程设计院有限公司；

（6）施工单位：重庆渝发建设有限公司；

（7）监理单位：重庆华兴工程咨询有限公司；

（8）勘察单位：西南有色昆明勘察设计（院）有限公司；

（9）质安监督：昆明市质量安全监督管理总站。

2）项目概况

项目位于昆明市官渡区，由 3 栋 34 层住宅及商业裙楼组成，地下 2 层和 1 个夹层，框架-剪力墙结构，总建筑面积约为 64909.43m²，其中地上建筑面积约 51508.54m²，地下建筑面积约 13400.89m²。3 栋高层住宅，1 号、2 号、5 号楼地下 2 层（有 1 层夹层），地上 34 层，建筑高度 99.65m；基础形式为桩筏基础；主体结构为主楼剪力墙结构、车库框架结构（图 5.4.3-1）。

图 5.4.3-1　项目实景照片

±0.00 以上采用铝模＋叠合板施工工艺，楼板采用预制 6cm＋现浇 8cm 的叠合板，楼梯、楼梯隔墙板采用预制。

项目装配率计算　　　　　　　表 5.4.3-1

评 价 项		评价要求	评价分值	最低分值	设计占比	得分值
主体结构 （Q_1）（50 分）	柱、支撑、承重墙、延性墙板等竖向构件	35%≤比例≤80%	20～30 ＊	20	3%	0
	梁、板、楼梯、阳台、空调板等楼（屋）盖构件	70%≤比例≤80%	10～20 ＊		82%	20
围护墙和内隔墙 （Q_2）（20 分）	非承重围护墙非砌筑	比例≥80%	5	10	83%	5
	围护墙、保温（隔热）、装饰一体化	50%≤比例≤80%	2～5 ＊		0%	0
	内隔墙非砌筑	比例≥50%	5		100%	5
	内隔墙、管线、装修一体化	50%≤比例≤80%	2～5 ＊		0%	0
装修与设备管线 （Q_3）（30 分）	全装修	—	6	6	100%	6
	干式工法楼（地）面	比例≥70%	6		90%	6
	集成厨房	70%≤比例≤90%	3～6 ＊		100%	6
	集成卫生间	70%≤比例≤90%	3～6 ＊		100%	6
	管线分离	50%≤比例≤70%	4～6 ＊		54%	4.4
					合计	58.4

注：表中带"＊"项的分值采用"内插法"计算，计算结果取小数点后 1 位。

2. 装配式建筑技术应用情况

1) 建筑专业

(1) 标准化设计

项目所用的预制构件主要包括 6+8 叠合板、单段梁式 PC 楼梯、PC 楼梯隔板、叠合梁。预制构件是在工厂或者现场预制而成，采用的混凝土强度等级为 C35（图 5.4.3-2）。

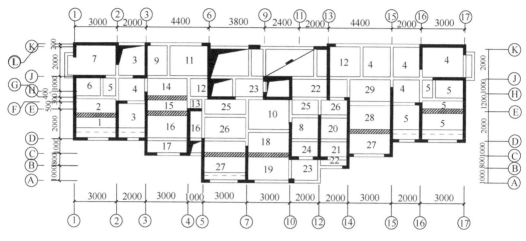

图 5.4.3-2　项目标准层结构平面布置

(2) 主要预制构件及部品设计

① 6+8 叠合板

6cm 预制楼板在工厂流水线生产，运输至施工现场拼装，叠合板直接当作楼面模板使用，上部浇筑 8cm 混凝土，下部预制和上部现浇有效结合为一个整体，结构性能与传统整体浇筑相同，但顶板及楼面平整度、施工效率大大提升（图 5.4.3-3）。

② 单段梁式 PC 楼梯

采用新型轻质陶粒混凝土，实现单段式整体吊装；楼梯在工厂流水线生产，标准化模具将楼梯防滑条、导水槽等一次性浇筑成型；现场吊装铆接安装，完成后直接作为施工通道使用（图 5.4.3-4）。

图 5.4.3-3　6+8 叠合板

图 5.4.3-4　轻骨料梁式楼梯

③ PC 楼梯隔板（图 5.4.3-5）

楼梯隔墙在工厂进行定尺加工，楼梯间扶手隔板提前进行预埋，现场可直接进行安装。

2）结构专业

（1）预制与现浇相结合的结构设计

叠合板承受内力的接头和拼缝，当其混凝土强度没达到设计要求时，不得吊装上一层结构构件；若设计无具体要求，应在混凝土强度不小于 $10N/mm^2$ 或具有足够的支撑时方可吊装上一层结构构件。已安装完毕的装配式结构，应在混凝土强度达到设计要求后，方可承受全部设计荷载。装配式结构中的接头和拼缝应符合设计要求；当设计无具体要求时，应符合下列规定：

① 对承受内力的接头和拼缝应采用混凝土浇筑，其强度等级应比构件混凝土强度等级提高一级；

图 5.4.3-5　预制 PC 楼梯隔板

② 承受内力的接头和拼缝应采用混凝土或砂浆浇筑；

③ 接头和拼缝的混凝土或砂浆，宜采取微膨胀措施和快硬措施，在浇筑过程中应振捣密实，并应采取必要的养护措施。

（2）抗震设计

本建筑结构设计使用年限为 50 年，结构安全等级为二级，结构重要性系数取 1.0。抗震设防烈度为 8 度。

3）水暖电专业

（1）采用分层式管线预埋系统

叠合预制层：变动性较小的系统（照明线盒、消防线盒）。

叠合现浇层：变动性较大的系统（照明线盒、消防线盒、空调插座及厨卫插座线管）。

（2）采用分布式管线预埋系统

① 给水管

给水管预埋见图 5.4.3-6。

② 轻质隔墙

高精度轻质隔墙见图 5.4.3-7。

4）全装修技术应用

采用一体化生产技术，收纳系统一次性成型，提升质量，提高效率，整体卫浴、整体厨房、部品装修一体化见图 5.4.3-8。

3. 项目亮点

1）"两提两减"项目策划及实施要点

设计一体化：土建与装修施工图同时出图，做到图纸、铝模、叠合板等提前深化。

采购资源同步：提前确定材料、设备、部品及材料供应商，保证土建与精装的顺利穿插。

图 5.4.3-6　水电管预埋

图 5.4.3-7　高精度砌块隔墙

图 5.4.3-8　一体化装修实体样板间

土建装修施工一体化：土建与装修全部由总包施工。

协调政府政策：与质监站沟通主体结构分段验收。

穿插措施落地：全现浇外墙，外墙智能爬架，取消湿作业，楼层及外墙做好防水，施工升降机五层结构安装投入使用。

无二次整改：避免二次整改影响穿插施工进度。

首层装配关键生产进度计划：根据桩基开工时间、销售节点时间倒排铝模板，PC构件（楼板、楼梯、隔墙）生产及层吊装时间（图 5.4.3-9）。

等节奏流水施工：铝模＋叠加板首层施工完成后，计划工期为6d一层与穿插等节奏流水节拍保持一致（图 5.4.3-10）。

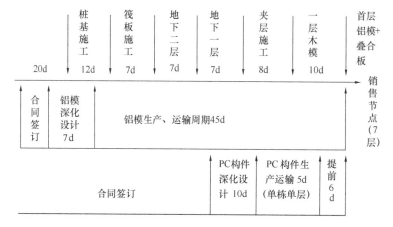

图 5.4.3-9　关键节点进度计划

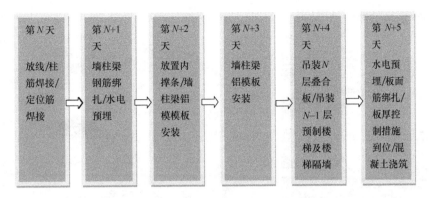

图 5.4.3-10 等节奏流水 6d 一层工期

2)"5＋1"工业化建造体系

"5＋1"体系即 5 项建造技术体系＋1 个快速施工方法,包含装配式施工体系、长效防渗漏体系、高精度工艺体系、纯干法施工体系、全装修木塑体系及穿插提效体系,共 6 大体系 27 项优选核心工艺技术,内涵在于模板化、标准化、专业化、精益化,实现提高工效、绿色施工、减少质量通病、减少投诉维保,提升客户满意度。

昆明方科在延续集团多年工业化住宅的沉淀积累的基础上,积极响应国家政府号召并结合当地情况,升级整合出一套"5＋1 工业化建造体系",主要特点为"装配式""纯干法""快建造",保障住宅精工品质。

木塑体系→长效防渗漏体系→高精度工艺体系

穿插施工→纯干法施工体系→装配式施工体系

(1)装配式施工体系——像积木一样拼合,像造汽车一样造房子

工厂成品定制更有品质保障,减少手工操作带来的品质问题,降低对于人工的依赖;操作简单,提高效率的同时保证施工质量;有效减少现场施工引起的噪声和粉尘污染,保障工人健康、城市环境;节能环保,避免大量现场施工带来的材料损耗(图 5.4.3-11)。

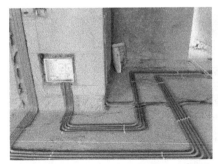

图 5.4.3-11 水电安装精准定位及景观 PC 砖

(2)长效防渗漏体系——防渗防漏我在行,万无一失有大法

通过结构自防水设计以及结合以防水密实材料的应用,将建筑防御渗漏完全回归到结构和构造自防,使建筑遇水区域和部位终身具备防御水害的能力(图 5.4.3-12)。

图5.4.3-12　全现浇外墙门窗企口遇水区结构反坎及止水节

（3）高精度工艺体系——尺寸毫米化，更大居住空间，幸福全家生活

通过使用高精度部件及精细化工艺提高产品成型质量，使用空间更大，提高业主得房率（图5.4.3-13、图5.4.3-14）。

图5.4.3-13　铝合金模板/高精模板

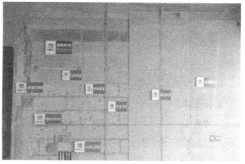

图5.4.3-14　高精砌块薄/免抹灰

（4）纯干法施工体系——造房子的环境艺术，减少扬尘，杜绝湿作业

造房子的环境艺术，无传统湿作业，采用节水环保的干法施工，杜绝现场搅拌、减少河沙水泥使用，减少扬尘污染，工地现场干净整洁、安全文明（图5.4.3-15、图5.4.3-16）。

图 5.4.3-15 加气砌块专用胶粘剂聚合物砂浆

图 5.4.3-16 高流动性找平砂浆瓷砖粘接剂及干粉地坪砂

（5）全装修木塑体系——拎包入住，拒绝装修困扰

源自美国军舰产品，采用木材超细粉粒与高分子树脂混合，通过高温模塑化工艺制造而成，兼有木材和塑料的优良特性，是替代传统木材的绿色环保新型材料，再也不用担心发霉、变形、开裂（图 5.4.3-17）。

图 5.4.3-17 全装修精装交付（木塑厨卫门、木塑踢脚线、一体式吊顶）

（6）穿插提效体系——施工更快捷，提前入住不是梦

上部主体结构施工，下部内外装修穿插，将每次作业工序与作业时间固定，实现单工种流水作业；在确保施工质量的同时，穿插施工可缩短工效 6 个月，业主提前入住（图 5.4.3-18）。

图 5.4.3-18 全钢爬架施工、主体全穿插施工

3）装配式 PC 快建造技术亮点

本项目主要 PC 构件有预制楼板、楼梯及楼梯隔墙，模块化拼装吊装，提高了施工人员的效率，PC 构件工厂化生产，工业化安装，简便快捷；且结构实体质量能够达到清水模板的标准，可减少传统湿作业抹灰等工艺，有效提升了项目建设速度。

快建造技术主要特点为"装配式""纯干法""快建造"，内涵在于模板化、标准化、专业化、精益化，实现缩短工期、绿色施工、减少质量通病、减少投诉维保，提升客户满意，保障住宅精工品质（图 5.4.3-19）。

1. 全钢爬架
提升外防护安全
外墙同步穿插施工

2. 全混凝土外墙
外墙砌体优化成
全现浇混凝土墙

3. 高精砌块填充墙
砌体面做薄抹灰，
混凝土墙面免抹灰

4. 铝模+叠合板体系
提升主体结构质量

5. 自流平
厚度10mm，高耐强碱性
弹性好，自动向低洼流淌，
高新绿色

6. 墙地砖薄贴
专用胶粘剂，10mm薄
贴，粘贴强度高，施工
方便

7. 外墙内保温体系
替代外保温浆料，减小
对爬架提升进度的影响

图 5.4.3-19 项目建造技术

（1）水平构件预制叠合（图 5.4.3-20）

（a）   （b）   （c）

图 5.4.3-20 水平构件吊装工法展示

（a）叠合板安装；（b）楼梯安装；（c）楼梯隔板安装

（2）剪力墙铝模（图 5.4.3-21）

（3）隔墙高精度砌块薄抹灰（图 5.4.3-22）

图 5.4.3-21　铝模剪力墙工法展示　　　　图 5.4.3-22　高精度砌块墙薄抹灰工法展示

（4）楼地面自流平（图 5.4.3-23）

（5）墙地砖薄贴（图 5.4.3-24）

 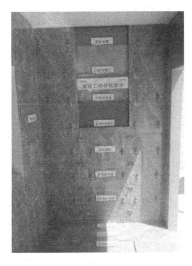

图 5.4.3-23　楼地面自流平工法展示　　　　图 5.4.3-24　墙地砖薄贴工法展示

（6）一体式吊顶（图 5.4.3-25）

4. 效益分析

1）成本分析

（1）装配式建筑与传统建筑的建安成本对比

装配式建筑的造价跟项目规模直接相关。目前情况下，当一个 PC 制造工厂的生产规模达到 30 万 m² （建筑面积）时，所提供项目工程的建安成本跟传统造价大体相当；低于 30 万 m² 时，成本略高于传统造价（约 100~200 元/m²）。如果考虑工期缩短带来资金成本的减少等因素，项目的综合成本还会下降。而且，随着传统建造方式中的人工成本不断

图 5.4.3-25 一体式吊顶工法展示

上涨，装配式建造方式的成本会随着规模扩大逐渐降低，装配式建造方式的成本优势将越来越明显。

（2）装配式建筑与传统建造方式的建筑在成本构成上的不同

装配式建筑与传统建造方式的建筑因为施工工艺的不同，在成本构成上有增有减，两项相抵，总的成本大体持平。

增加的成本部分包括：

① PC 构件的制作、运输与吊装，成本比现浇的要高；

② 增加墙板和楼板的接缝处理及外墙防水缝处理；

③ 预制构件代替砌体工程，混凝土含量和含钢量略有提高；

④ PC 构件需要缴纳 17% 增值税，项目施工还要缴纳营业税，存在重复纳税，造成成本增加。

减少的成本部分包括：

① 外墙保温通过构件实现，不需单独考虑；

② 梁板模板取消，墙柱模板大量减少；

③ 取消外脚手架；

④ 内外墙面抹灰和顶棚抹灰工程可以取消；

⑤ 施工现场用工大量减少；

⑥ 材料损耗与浪费大幅度减少；

⑦ 因施工周期的缩短带来资金成本、管理成本、人工成本及设备租赁成本的减少。

（3）装配式建筑在综合成本上具有的优势

采用装配式建造方式能够缩短三分之一以上的施工工期，项目的开发周期大约也能缩短三分之一。由此可以大量节约资金成本、管理成本、人工成本和设备租赁成本等。

以资金成本为例，假设一个项目的开发成本为 5000 元/m²（包括土地成本、建安成本、配套成本、销售成本等），资金使用成本占 10% 左右，即 500 元/m²。如果缩短三分之一的开发周期，资金使用成本大约可以节约 150 元/m²。加上其他费用的缩减，成本节约可以超过 200 元/m²。

如果是政府安置房项目，假设过渡期补贴标准为 1000 元/月/户，如果工期提前一年完成交付，节约下来的过渡期补贴折合到建筑面积大约为 170 元/m²。

由此可见，当装配式建筑的建安成本与传统建筑持平时，其综合成本完全可以做到比传统建筑方式更低。

2）用时分析

以 30 层精装修住宅为例作用时对比（表 5.4.3-2）。

装配式建造方式与传统方式用时对比表　　　表 5.4.3-2

建造方式	装配式建造方式	传统建筑方式
基础及正负零以下工程	小于 2 个月完成	至少 2.5 个月
主体工程	5d 一层，所有部品与构件均在工厂制造，现场组装，现场进行标准化、精细化施工。5 个月内完工	最快 5d 一层，受天气影响，搭脚手架、隐患大，手工作业，品质难保障，进度难控制。至少需要 6 个月
内外装修	现场进行装配式建造，主体完成后再加 2.5 个月	至少需要 3~5 个月
水电安装	与主体及装修同步	至少需要 2~3 个月
从动工到交付	最快 10 个月	至少需要 24~30 个月

3）四节一环保分析

以一栋 30 层的建筑为例，装配式与传统建造方式四节一环保对比见表 5.4.3-3。

装配式建造方式与传统建造方式节能、降损、减排对比表　　　表 5.4.3-3

项　目	传统生产方式	装配式建造方式
施工能耗（标准煤）	$20kg/m^2$	降低约 20% 施工能耗
施工用水量	$1.5~3m^3/m^2$	减少约 60% 用水量
混凝土损耗	3%	减少约 60% 混凝土损耗
钢材损耗	2%~4.5%	减少约 60% 钢材损耗
木材损耗	$0.005m^3/m^2$	减少约 80% 木材损耗
施工垃圾	$50kg/m^2$	减少约 80% 施工垃圾
装修垃圾	2t/户	减少约 80% 装修垃圾

（1）节水

室内大型混凝土搅拌站生产混凝土，用水计量准确；现场拼装采用套筒灌浆工艺，干法施工，无养护用水；工厂没有水资源浪费，也没有污水污染环境。

（2）节能

先进工厂流水线标准化生产质量精度高，无次品；通过优化设计，改进建筑结构形式，提高土地可使用空间；施工现场人为操作少，机械化操作避免人为误差与材料浪费。

（3）节地

通过合理地布置建筑朝向和住宅排列方式来提高建筑密度；通过优化设计改进建筑结构形式，增加可使用空间；充分利用地下空间，提高土地利用率。

（4）节材

无竹木跳板、尼龙防护网等设施，现场干净、整洁；钢材质量稳定，尺寸统一，少废弃；工厂集中装修，无二次装修垃圾；装配式施工，无传统施工繁杂设施，建筑垃圾少。

（5）更环保

装配式建造过程中的能耗和废气排放量，远低于国内平均能耗，部分项目低于欧盟标准。

采用吊装施工，现场无搅拌、无砌砖、无抹灰工序；管线预留预埋，无现场开槽带来的建筑垃圾；工地整洁无建筑垃圾，杜绝扬尘。现场装配减少振捣、焊接、敲打，建筑噪声大大减少；建筑周期仅为传统的1/3，杜绝夜晚赶工扰民。

第6章 装配式建筑优势

6.1 承 包 模 式

EMPC 是在传统总承包（EPC 模式）的基础上进行装配式建筑科技创新，新增了"M"（Manufacture）"制造"环节，在设计、制造、物流、装配等各个环节均采用装配式建筑方式，打通装配式建筑全产业链，提供各类型建筑的整体解决方案，让装配式建筑真正做到好、快、省（图 6.1）。

装配式建筑全产业链-EMPC模式

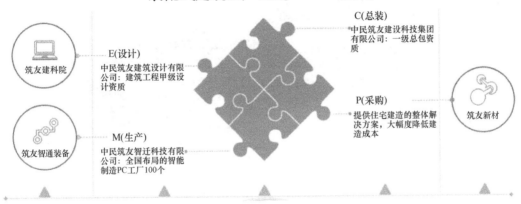

图 6.1　EMPC 模式

（1）工期节约、提前交房，资金周转快；

（2）提前预售（正负零即可预售），加快资金回笼；

（3）产品质量好，漏水开裂现象基本上消除，对后期维修、住户投诉少；如果是精装交房，减少整改周期和工序交接时间；

（4）设计变更少；

（5）工程签证大幅减少，结算基本等于预算，不会出现超概现象；

（6）速度快，工期节约1/3，开发商财务成本和管理费用等大幅减少。

6.2 工 厂 化 生 产

1. 固定工厂（图 6.2-1、图 6.2-2）

PC 构件流水线方式可分为固定台座法、长线台座法和机组流水线法。

1）固定台座法（图 6.2-3）

图 6.2-1　标准固定工厂效果图

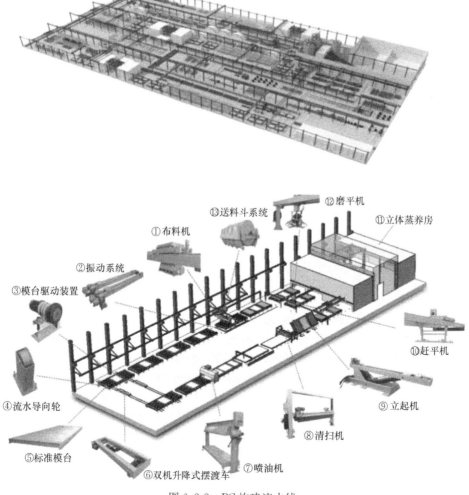

图 6.2-2　PC 构建流水线

图 6.2-3　固定台座法

2）长线台座法（图 6.2-4、图 6.2-5）

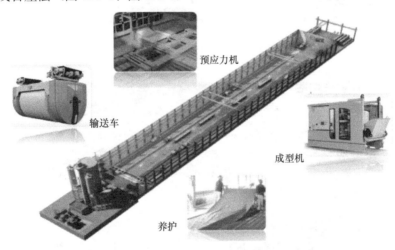

图 6.2-4　长线台座法设备

图 6.2-5　长线台座法实景

3）机组流水线法（图 6.2-6、图 6.2-7）

平台

布料机

养护窑

布线系统

浇注车

输送车

图 6.2-6　机组流水线法设备

图 6.2-7　机组流水线法实景

4）对固定台座法、长线台座法和机组流水线法三种生产技术进行对比见表 6.2。

固定台座法、长线台座法和机组流水线法三种生产技术对比　　　　表 6.2

PC 构件流水线方式	特征	优点	缺点
固定台座法	加工对象位置相对固定，操作人员按不同工种依次在各工位上操作	产品适应性强，加工工艺灵活	效率较低
长线台座法	台座较长，一般超过 100m，操作人员和设备沿台座一起移动成型产品	效率较高	产品简单、规格一致
机组流水线法	模具在生产线上循环流动，机器和工人固定	不同产品的生产工序之间互不影响，流水相对灵活，对产品的适应性较强	投入成本高

2. 临时工厂

在项目所在地附近租赁厂房，利用厂房已有的水、电以及行车，布置钢筋加工线、固定台模线，混凝土采用商品混凝土，项目建成后，生产线设备可以拆除。特点：一次投资小，工厂投产快（图 6.2-8）。

图 6.2-8　临时工厂

3. 游牧工厂

游牧式构件厂的所有设备，包括垫层都采用可搬迁、可移动方式，如同草原上的蒙古包游牧方式，在成本、物流等方面具有固定式 PC 构件厂不可比拟的优势，搬迁后还不影响现场原有土地。此外，游牧式构件厂是为特定项目量身定制的，通常不存在产能不足或过剩的问题。

西安万科城游牧式构件厂，于 2015 年 1 月份开始建设，4 月份投产。现在的生产能力基本可以满足两幢楼 4.5d 一层的进度需求。

图 6.2-9　西安万科城游牧工厂

6.3 机 械 化 施 工

（1）装配式技术成为智慧建筑的基本生产方式。装配式建筑技术在质量、效率、环保等方面具有明显的优势，未来随着人工成本的逐渐上升，装配式建筑技术将在经济方面也具有较大的优势。装配式建筑在标准化、机械化和自动化方面程度高，因此天然地具有与人工智能、大数据技术相结合的"基因"优势，使得装配式建筑技术的生产效率进一步地大幅提升，因而可以断定装配式建筑技术将成为智慧建筑的基本生产方式（图 6.3-1）。

图 6.3-1　机械化施工

（2）美国海军陆战队就利用 3D 打印技术打造了一座混凝土营房，耗时不到两天即创造出一个能够抵御敌方火力的硬化生活空间，混凝土营房的坚固程度远非帆布和尼龙帐篷所能比的！一座木制营房需要一个 10 名陆战队员组成的团队花费 5d 的时间才能建造。海军陆战队系统司令部制造团队与美国海军陆战队第 1 远征军的陆战队员合作，在美国陆军工程师研发中心操作世界上最大的混凝土 3D 打印机。该项目在伊利诺伊州的美国陆军工程研发中心进行，只用了 40h，他们就在那里建好了一座 500ft² （46.45m²）的军营小屋（图 6.3-2）。

图 6.3-2　3D 打印技术打造的混凝土营房

（3）中建科技研发的机器人施工运用于室内也有了一定突破，智能建造机器人主要应用于建筑施工现场的施工作业环节。目前，它能够完成轻钢龙骨隔墙的装配，自动码砖、自动码地板以及水泥 3D 打印等施工作业。智能建造机器人可以代替人工完成部分工序，智能建造机器人与装配式的有机结合，形成机器人＋的建造方式，是未来建筑智慧建造发展的必然趋势（图 6.3-3）。

图 6.3-3　智能建造机器人

（4）2019 年 1 月，目前全球最大规模的混凝土 3D 打印步行桥在上海宝山智慧湾落成。该工程由清华大学（建筑学院）—中南置地数字建筑研究中心徐卫国教授团队设计研发，并与上海智慧湾投资管理公司共同建造。整体桥梁工程的打印用了两台机器臂 3D 打印系统，共用 450h 打印完成全部混凝土构件；与同等规模的桥梁相比，它的造价只有普通桥梁造价的三分之二；该桥梁主体的打印及施工未用模板，未用钢筋，大大节省了工程花费。该步行桥桥体由桥拱结构、桥栏板、桥面板三部分组成，桥体结构由 44 块 0.9m×0.9m×1.6m 的混凝土 3D 打印单元组成，桥栏板分为 68 块单元进行打印，桥面板共 64块也通过打印制成。这些构件的打印材料均为聚乙烯纤维混凝土添加多种外加剂组成的复合材料，经过多次配比试验及打印试验，目前已具有可控的流变性满足打印需求；该新型混凝土材料的抗压强度达到 65MPa，抗折强度达到 15MPa（图 6.3-4）。

图 6.3-4　混凝土 3D 打印步行桥

6.4 品 质

装配式建筑用标准化工序取代粗放管理,将设计、生产、施工按照工业化生产的严格工艺要求来完成。其表征是通过用机械化作业取代手工作业,用工厂化生产取代现场作业,用地面作业取代高空生产,用产业化工人取代劳务工人(农民工)。其本质是通过建筑业生产方式的转变实现建筑品质、性能的提升。主要体现在以下几个方面:

(1)系统性集成,提升性能。协同建筑、结构、机电、装修的各专业性能要求,保证建筑功能、结构体系、机电布置、装修效果相匹配,从而全面提升建筑性能。

(2)精益化建造,保证质量。装配式建筑提高了结构精度,协同各专业接口标准,统筹精准预留预埋,保证安装的精准、正确。减少了渗漏、开裂等质量通病,确保按工业产品的标准交付优质的房屋。

(3)全体系集成,避免浪费。通过设计-加工-装配各个环节的协同工作,避免了资源重复投入或返工拆改造成的资源浪费,进而保证质量。

(4)开放空间,长寿命建筑。装配式建筑能够通过主体结构构件、建筑内装、管线设备三部分装配化集成技术,实现内装修、管道设备与主体结构的一体化。使之具备结构耐久性,室内空间在全寿命周期内可根据需要灵活多变,装修及设备管线可更新,使之兼备低能耗、高品质和长寿命的优势(图6.4-1、图6.4-2)。

图 6.4-1 传统式建筑   图 6.4-2 装配式建筑

6.5 工 期

装配式建筑的一个显著特点就是能有效加快施工进度,缩短工程建设工期,提升房屋开发建设期的抗风险能力,提高投资方的资金的周转率,提升盈利水平。主要体现在以下几个方面:

(1)标准化设计,提高工效。工业化的关键在标准化,如梁思成先生所说:"要大量、高速地建造就必须利用机械施工;要机械施工就必须使建造装配化;要建造装配化就必须将构件在工厂预制;要预制就必须使构件的类型、规格、尺寸尽可能少,并且要规格统一，趋向标准化"。

（2）一体化协同，缩短时间。通过协同建筑、结构、机电、装修的各专业，避免多专业错漏碰缺等通病导致的二次返工，拖延工期。

（3）机械化作业，加快进度。装配式建筑由于采用了机械化的装配施工，机械化代替人工的生产方式的革命必然会带来进度的加快和效率的提升。

（4）施工过程受环境影响小。传统模式是在工地将各种建筑材料通过现浇湿作业的方式完成，这种方式导致了建设速度和质量受外界环境的影响大。而工厂化的生产和现场少量的现浇能有效避免对环境的影响，提高劳动效率，缩短工期。

（5）"产业工人"提高劳动生产率。工厂预制，现场装配的新型建筑生产方式，可以将建筑工地上的"农民工"转变为工厂内的"产业工人"，通过生产关系的转变提高效率，促进"绿色可持续发展"（图 6.5-1、图 6.5-2）。

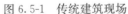

图 6.5-1　传统建筑现场　　　　图 6.5-2　装配式建筑现场

装配式建筑相比传统现浇建筑在总工期上可缩短。以 30 层的高层住宅楼为例：

（1）主体结构施工阶段，主要构件工厂加工，主体工期可缩短；

（2）装修施工阶段，粗装修项目可提前 2～3 个月，全装修项目可提前 1/3 左右的工期。原因如下：

① 没有抹灰工程；

② 没有外脚手架拆除工作；

③ 外墙集成（包括外饰面、门窗、保温与外墙一体化预制），减少了一部分工作；

④ 主体分阶段验收室内装修可提前介入；

⑤ 室外工程在主体吊装结束后可全面实施，启动时间较传统现浇早（图 6.5-3）。

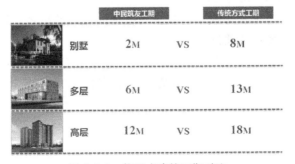

图 6.5-3　装配式建筑工期对比

6.6 环　保

由于没有现场的大兴土木，现场作业的粉尘、噪声、污水大大减少；同时，也没有以往大量的模板、脚手架和湿作业，工人也大幅度减少。根据 2007 年以来装配式建筑工程实践案例的统计，采用装配式建筑的新型建造方式，可以在施工过程中节水 80%、节材 20%、节时 40%、节工 50%、减少建筑垃圾 90%。实践证明，装配式建造过程可很好地实现"四节一环保"，符合国家的节能减排和绿色发展的总目标（图 6.6）。

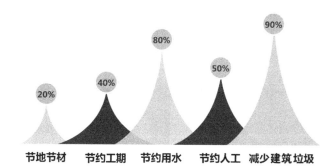

图 6.6　装配式建筑各项节能占比

6.7 成　本

相关定额依据：

（1）《装配式建筑工程消耗量定额》TY01-01（01）-2016；

（2）《〈北京市建设工程计价依据——预算消耗量定额〉装配式房屋建筑工程》2017；

（3）《云南省建设工程综合单价计价标准〈装配式建筑工程、城市地下综合管廊工程、绿色建筑工程〉》DBJ 53/T-87-2018。

装配式建筑的造价跟项目建设规模直接相关，目前，单个普通住宅项目建筑总面积为 10 万 m^2，且为 EMPC 方式建造时，其建安成本跟传统建筑造价持平；少于上述建设规模时，一般来说，装配率超过 30%，装配率每提升 10%，成本相应增加 100～150 元/m^2，装配式部分造价约为 600～800 元/m^2（与装配率有关）。同时，采用装配式时地上传统部分施工费会增加 20～30 元/m^2。

如果考虑工期缩短带来资金成本的减少和投资回收期的缩短，作为开发商或业主来讲，项目的综合成本要比传统项目低。

随着人工工资的不断上涨与人力资源紧缺，传统建筑造价将不断增加，而装配式建筑将大幅减少用工量和随着装配规模的扩大成本会逐渐降低，装配式建筑的成本优势将越来越明显（图 6.7）。

全产业链数字化控制原理

成本可控，成本最低

(算量精确、生产场地最小、堆场最小、装载最优、装配最优)

只有全产业链数字打通才能降低成本

图 6.7 装配式建筑全产业链

第7章 "一带一路"背景下装配式建筑的发展机遇

7.1 产业输出环境

发挥云南区位优势,推进与周边国家的国际运输通道建设,打造大湄公河次区域经济合作新高地,建设成为面向南亚、东南亚的辐射中心。云南要坚决贯彻国家"一带一路"倡议思想,积极主动融入"一带一路"建设,以孟中印缅经济走廊、大湄公河次区域合作为重要抓手,以重筑南方丝绸之路推进互联互通为重点内容,以多边、双边合作项目为基本载体,推动投资贸易、产业发展、能源合作、人文交流,把云南建设成为面向南亚、东南亚的辐射中心。

独特的区位和通道优势云南是中国通往东南亚、南亚的窗口和门户,地处中国与东南亚、南亚三大区域的结合部,与缅甸、越南、老挝三国接壤,与泰国和柬埔寨通过澜沧江—湄公河相连,并与马来西亚、新加坡、印度、孟加拉等国邻近,是我国毗邻周边国家最多的省份之一。云南拥有国家一类口岸 16 个、二类口岸 7 个,各类通道 90 多条,边境互市点 103 个,这些口岸和通道为物流发展提供了流通条件。因而在中国—东盟自由贸易区建设和泛珠三角"9 + 2"区域经贸合作中,云南具备发展成为东南亚物流中心的客观区位条件。

1. 公路方面

在以昆明—瑞丽—曼德勒—马圭—皎漂的印度洋南线大通道的建设方案基础上,争取建设通向南亚的昆明—腾冲猴桥—缅甸密支那—缅甸班哨—印度雷多的北线方案和昆明—瑞丽—缅甸曼德勒—缅甸德穆—印度因帕尔经孟加拉国达卡至印度西孟加拉邦加尔各答的中线方案。

2. 铁路方面

尽快开工建设泛亚铁路中线昆明至磨憨铁路,并推进国家援外项目老挝境内磨憨至万象段建设。开展昆明至加尔各答的南亚铁路即泛亚铁路北线方案的前期研究,与原东线、中线、西线三个方案互为补充。同时,加快"八出滇、四出境"铁路大通道建设,全面打通"中越、中老、中缅、中缅印"四大出境通道。云南将从原来全国路网的末梢地位,战略性地转变为面向东南亚、南亚并沟通太平洋和印度洋的国际大通道前沿。

1) 中老铁路

中老铁路始自中老边境磨憨/磨丁,终至老挝首都万象。项目按照中国铁路标准设计,线路全长 414.332km,设计时速 160km,建设工期 5 年,电力牵引,客货共线。项目采用双方合作建设和管理方式(BOT)。中老铁路项目 2015 年 12 月 2 日启动,2016 年 12 月 25 日全面开工,计划 2021 年 12 月竣工通车。

2) 中泰铁路

中泰铁路计划先行修建曼谷至呵叻段 252km，按照时速 250km 设计建设，采用中国技术和装备，由中方企业负责轨道及"四电"工程总承包（EPC），并负责项目总体设计、工程监理及人员培训等工作。

3. 航空方面

开拓云南到南亚、东南亚国家的航线，将昆明到加尔各答的航线延伸到新德里；新开昆明到印度孟买、孟加拉吉大港、南非约翰内斯堡等城市的航线。航空货运加快发展，把国际和国内大型且成熟的航空物流企业引进云南，从而扩大出口云南的花卉和特色优势农产品。推进新建怒江、德钦、沧源等机场，将腾冲机场和芒市机场升格为口岸机场，构建以昆明长水国际机场为中心辐射四周的立体航空网络。昆明机场已开通国际航线 46 条，国际通航城市 33 个。昆明机场是中国开通东南亚、南亚航线最多的机场之一，目前已开通东盟七国、南亚五国的航线，昆明通往东南亚的航班每周达 120 多个，昆明机场还将新开昆明至东盟未通航城市的航线。

4. 水运方面

发展澜沧江—湄公河国际航运，推动伊洛瓦底江国际陆水联运、中越红河航运，逐步提升重要航道等级，加快百色水利枢纽通航设施和富宁港建设，实现右江—珠江千吨级航道贯通。同时，在"一带一路"新政策指引下，发掘云南的市场潜力，促进投资和消费，创造需求和就业，推动云南边境口岸基础设施建设，畅通水陆联运通道，推进港口合作建设，增加海上航线和班次。

5. 油气管道、电力通道、信息平台等方面

2013 年 5 月 30 日，中（滇）缅油气管道全线贯通，同年 9 月 30 日，中（滇）缅油气管道开始输送天然气，与此同时，推进云南石油炼化及储备基地建设。云南省将尽早完成与邻近国家的电力合作协议洽谈，做大、做强和做好云南"西电东送"和"云电外送"工程。

服务和落实"一带一路"倡议，云南省交通运输厅将抓好"七出省"通道、"四出境"通道建设，争取早日打通 4 条出境通道，使云南省真正成为面向东南亚、南亚对外开放的重要桥头堡，成为国家"一带一路"的重要支点。

"七出省"通道进展：

昆明至四川攀枝花、昆明至安顺、昆明至百色 3 条通道已全部建成高速公路；昆明至四川宜宾通道争取 2015 年底前全部建成高速公路；昆明至六盘水通道争取 2016 年全部建成高速公路；昆明至兴义通道争取 2017 年全面建成高速公路。另外，昆明至香格里拉至西藏通道中，目前昆明至大理段已建成高速公路，大理至香格里拉段将于近期开工建设，香格里拉至隔界河段将根据经济社会发展需求适时启动建设。

"四出境"通道建设进展：

昆明至泰国曼谷通道：截至目前，昆明至泰国曼谷公路通道中的云南境内段 2017 年将全部建成高速公路。

昆明至越南河内通道：云南境内段（昆明—河口）里程长 400km，已全面建成高速。

昆明至缅甸皎漂通道：2014 年底昆明至皎漂通道云南境内段全部建成高速公路。

昆明至印度雷多通道：路线全长 1249km。云南境内段（昆明—猴桥）里程长 698km，昆明—腾冲段 564km 已建成高速公路；腾冲—猴桥口岸 134km 现为二级公路，

腾冲—猴桥的高速建设问题，省交通运输厅将视孟中印缅经济走廊推进情况，适时启动建设。

孟中印缅经济走廊：

孟中印缅经济走廊建设倡议对深化四国间友好合作关系、建立东亚与南亚两大区域互联互通有重要意义，其东起昆明（中国），西至加尔各答（印度），跨越大片地区，其关键节点包括曼德勒（缅甸）、达卡（孟加拉国）、吉大港（孟加拉国）和其他主要城市和港口，孟中印缅经济走廊建设的重点是深化互联互通等领域合作。

中缅油气管道是中国企业迄今在缅甸投资成功的最大合资项目，是孟中印缅经济走廊国家开展互联互通基础设施建设的先导项目。该项目由来自中国、缅甸、韩国、印度的6家公司共同出资建成，投产以来已累计向中国输气127亿 m^3，为缅甸下载天然气14亿 m^3，不仅每年为缅甸带来巨大的直接收益，还为缅甸方面培养了大量专业人才，扩大了当地就业。孟加拉国、印度、缅甸在电力建设过程中，需要引进外资开发电力资源，中资企业在煤电、水电、输变电方面与上述三国开展了卓有成效的合作。由中国出口信用保险公司担保、中国机械进出口（集团）有限公司实施的孟加拉国希拉甘杰电站二期225MW联合循环电厂项目，建成后将极大改善当地工业用电和居民用电状况。

孟中印缅经济走廊建设促进了沿线地区的普遍发展，从而打造一条兴旺的经济带，该走廊建设不仅有助于减少贫穷和改善民生，还带动了四国所在区域走向共同繁荣。

7.2 装配式产业输出的必要性

建筑产业的装配式技术从无到有，从尝试试点到规模生产，从摸索工法到制定标准规范，中国建筑行业经过20年坚持不懈的努力和实践，已经形成了包含设计、制造、安装、维护的整个产业链，具备了规模效应，制定了国家层面统一标准和规范，有了国产的全自动流水线设备。应该说是21世纪以来中国蓬勃发展的房建项目和基础设施大发展给建筑产业提供了升级提质的平台。

随着我国走出去步伐加快，特别是"一带一路"倡议的实施，中国的建筑业有了更多走出去的机遇，经受过大型工程洗礼的中国建筑，其技术、建筑装配、产业工人、管理经验，以及良好性价比的建筑产品是"一带一路"沿线国家求之若渴的，给新型经济体和发展中国家改善民生、谋求福祉、安居乐业提供了解决方案。

20世纪80年代，我国建筑行业多以劳务输出为主，赚取微薄的体力血汗钱；到20世纪90年代，逐渐开始进行施工分包与施工总承包；到21世纪初，我们开始实施EPC总承包模式，将设计和采购带出国门，将施工管理经验带出国门；到21世纪第二个十年伊始，特别是"一带一路"倡议实施以后，我们将建筑产业的整个产业链带出国门，部分项目建成后实行运营维保，运用新的融资模式。然而所有模式，都是重资产走出去，为了抢工期，派遣大量建筑产业工人参与。由于资源匮乏，大量采购物资设备；由于资金匮乏，我们实行垫资实施、贷款实施，由此产生的风险，与日俱增。

建筑行业中有没有一种行业或者模式，能够输出智力、输出标准、输出高级专家指导服务来最大限度降低风险，较大限度获得利润？以前不敢想，如今，可以说水到渠成，我们很自信地说：能！装配式技术要率先代表中国建筑业走出去，通过输出标准技术成套装备和技术服务来造福"一带一路"沿线国家!

经过近 20 年的摸索、试验,到大规模运用到商业实践,我们的装配式建筑已经有了成熟的设计标准、生产建造标准、验收规范,有了成批成熟的设计团队,有了自主研发的生产流水线自动化生产全套设备,有了一批有着丰富理论和实践的高级专家和熟练产业工人,我们为何不输出我们装配式产业的标准、设计、设备、指导、服务?曾几何时,国外一套标准一套设计图纸,报价几百万上千万美元,一条生产线相当于我们几年的营业收入,一名专家指导一天动辄几千美元。

可喜的是,随着各国强烈要求改善民生,提高生活条件,急需批量建造安全、环保、节约、省时的快速装配式住宅,更需要装配式技术、设计、标准、生产线、指导服务。同时受限于大多数国家的劳工政策,派遣大批工人到国外实施的项目已经日渐减少,但对经过检验、居住体验过的中国装配式技术需求大幅增加,这是中国建筑业的又一片广阔的市场。

在此也建议行业先行者借助行业平台,形成行业公议,建设权威协会,打造装配式走出去联合舰队,良性互动,抱团出海,规范行为,结伴而行,长久研发,形成自主知识产权。避免小富即安停滞不前,更要避免恶性竞争,让 20 年来在这一行业辛勤探索和实践的行业先驱获得应有的回报,成为真正走出去的获利企业、行业典范、国家骄傲。

7.3 云南省在产业输出中的机遇

1. "一带一路"带给云南省机遇

"一带一路"是一个宏伟的构想,它的建设过程不仅涉及众多国家和地区,涉及众多产业和巨量的要素调动,这期间产生的各种机遇不可估量。主要有以下几方面:

第一,产业创新带来的机遇。产业创新涉及产业转型升级和产业转移等带来的红利。随着"一带一路"倡议的实施,中国的一些优质过剩产业将会转移到其他一些国家和地区。在国内,因为市场供求变化,一些过剩的产业,也许在其他国家能恰好被合理估值;在国内,因为要素成本的上升而使一些产业、产品失去了价格竞争力,也许在其他国家,较低的要素成本会使这些产业重现生机。在国内,因为产品出口一些发达国家受限而影响整个产业的发展,也许在其他国家就能绕开这些壁垒等。此外,由于产业转移引致的产业转型升级更是机遇无限,比如技术改造、研发投入、品牌创立等都会给投资者带来无限机遇。

第二,金融创新带来的机遇。"一带一路"倡议的实施首先需要有充足的资金流,巨量的资金需求只能通过金融创新来解决。我们已经发起设立"亚投行"和"丝路基金",但这也只能解决部分资金问题,沿"带"沿"路"国家和地区一定会进行各种金融创新,包括发行各种类型的证券、设立各种类型的基金和创新金融机制等,这期间的红利和机遇之多甚至是不可想象的。

第三,区域创新带来的机遇。"一带一路"本质上是一个国际性区域经济的范畴,随着"一带一路"倡议的实施,必将引发不同国家和地区的区域创新,这包括区域发展模式、区域产业战略选择、区域经济的技术路径、区域间的合作方式等,这期间的每个创新都蕴涵着无限的机遇。

"一带一路"倡议为中国建筑拓展海外业务提供了新的市场机会。目前,我国建筑业也在大力推广装配式建筑这种绿色建筑模式，远离尘土和大量建筑垃圾的工地。未来十年，我国装配式建筑的面积比例在新建建筑中将会达到30%，现在国内仅5%左右，多运用在体育馆等公共建筑中，而德国、美国、法国等发达国家目前占比30%～40%。发展装配式建筑是我国转变城市建设模式、有效降低建筑能耗、推进建筑新型工业化的重要载体。

据了解，"一带一路"沿线涵盖的65个国家中大部分为发展中国家，例如蒙古、巴基斯坦、津巴布韦、柬埔寨等国家，这些国家既缺乏成熟的装配式建筑技术和行业企业，同时又面临城市建设和绿色发展的双重压力，装配式建筑产业的整体输出将有助于解决这一难题。

2．"自贸区"带给云南省机遇

国务院印发了云南等6个新设自由贸易试验区总体方案，标志着我国新一轮自贸试验区扩容终于尘埃落定。根据《中国（云南）自由贸易试验区总体方案》，云南自贸区三个片区的功能各不相同。昆明片区加强与空港经济区联动发展，重点发展高端制造、航空物流、数字经济、总部经济等产业，建设面向南亚东南亚的互联互通枢纽、信息物流中心和文化教育中心。值得注意的是，云南自贸区昆明片区包含了东风广场、双塔片区、巫家坝片区等城市CBD区域。

云南虽然积极参与中国—中南半岛经济走廊、孟中印缅经济走廊建设，推动澜湄合作机制建设，但要吸引长三角珠三角地区的产业转移，仍然缺乏足够的政策动力。此次云南自贸区总体方案获批，将给云南发展外向型经济提供充足的政策保障（图7.3）。

图7.3 中国（云南）自由贸易试验区昆明片区综合服务中心

7.4 响应政策，走出国门

1．装配式建筑响应国家倡议

2018年是中国改革开放四十周年，也是"一带一路"倡议提出五周年；十九大报告指出，"要以'一带一路'建设为重点，坚持引进来和走出去并重"，其中"引进来"是重要方面。为进一步促进对外开放，2018年11月在上海举办首届中国国际进口博览会。本次博览会，是国家着眼于推进新一轮高水平对外开放作出的一项重大决策，也是我国主动向世界开放市场的重大举措。

海外市场对于提升我国建筑企业的业绩具有重要作用。以印度的建筑市场为例，其房地产市场相当于我国 20 世纪 90 年代左右，发展刚刚起步，但印度的人口孕育了巨大的市场需求。目前印度要建 100 个智慧新城，希望用工业化的方式来建造，这就为我国建筑工业化的相关技术和标准提供了巨大的市场。

由于工业化的方式可以大量的节省人工，让机械来完成生产线上的技术活，工人只负责维护工作。因此，业内人士认为，"在人力成本高企的当下，中国的房屋建筑要出口"，巩固现在已经进入的非洲市场、南美市场、东南亚市场，甚至开发北美、欧洲等发达国家市场，"只有通过建筑工业化的方式，实现'二次出海'"。

2. 跟随"一带一路"倡议走出国门

我国现有的传统技术虽然为城乡建设的快速发展作出了巨大贡献，但其弊端也十分突出。这说明我国必须结合节能减排的要求并且改变传统工艺，加快改造步伐，大力发展装配式建筑。

经过近 10 年的艰苦奋斗，我国装配式建筑在世界许多领域取得了突破性的领先地位，概括起来大致有三种模式：一是钢筋混凝土预制装配式建筑，适用于多层、小高层办公楼等住宅建筑；二是预制装配钢结构，适用于高层、超高层办公、酒店等建筑，有些还适用于住宅建筑；三是以长期工业可持续建筑为代表的全钢预制装配式建筑，适用于高层和超高层办公建筑、酒店和公寓建筑。它们完全取代了传统技术，节能、节约钢材、节约混凝土、节水。

随着"一带一路"总体规划进程的不断推进。我国的装配式建筑技术除了在国内得到推广，还可以通过"一带一路"将其带往沿线国家，包括中亚、南洋、西亚和欧洲的一些国家，而这些国家大多数是新兴经济体和发展中国家，他们目前正处于经济高速增长时期，有着巨大的基础设施需求，通过和他们互利合作，我国传统的企业模式不仅能得到转型升级，还会帮助中国装配式建筑企业走出去，为它们提供更广阔的发展空间。

7.5 装配式建筑输出案例

1. 南非豪登省的 John Dube 新城项目

位于南非豪登省的 John Dube 新城项目宣布开工。这是中国民生投资集团（简称"中民投"）旗下中民筑友在非洲参与的首个保障房建设项目，也是中国装配式建筑科技应用于南非保障房建设又一案例（图 7.5-1）。

中民筑友将为非洲国家带去中国经验和技术，助力非洲城市的可持续发展。

作为南非豪登省推出的 31 个"大型城市项目"（MegaCityProjects）之一，John Dube 项目占地面积为 497.22 公顷，计划投资约 340 亿兰特（约合 170 亿人民币）。新城建成后，将为当地居民提供住房，商业、生活等配套设施以及新的工作机会。

与传统建筑劳务输出模式不同的是，

图 7.5-1 中民投南非保障房

中民筑友此次将以装配式建筑技术输出的形式，参与 John Dube 新城包括保障房、公共租赁房和商品房在内的 18000 套住宅建设和学校医院购物中心等配套设施建设，计划十年完成。

2. 莫吉廖夫州全装配式别墅

2017 年 9 月 29 日，远大住工全装配式别墅成"国际礼物"，被湖南省政府选定捐赠白俄罗斯莫吉廖夫州。

远大住工与俄罗斯联邦鞑靼斯坦共和国签订伏尔加河流域项目合作意向书，共同开发建设俄联邦鞑靼斯坦共和国"潇湘-伏尔加"园区的 PC 工厂和周边的保障房等项目；3 月，远大住工受邀参加在华沙举行的 2017 湖南-波兰经贸交流论坛暨企业 B2B 对接会，并在大会期间与波兰沃斯集团签署了"关于波兰住房项目合作备忘录"，助力当地引进快速、高效、优质的工业化建筑技术；4 月 26 日，远大住工全装配式别墅首次出口帕劳，标志着中国全装配式住宅产品成功打入海外高端旅游市场，开启建筑行业产品贸易出口新篇章。

3. 蒙古国首都乌兰巴托市建设项目

2017 年 5 月，总部位于长沙的中民筑友与蒙古国建设与城市发展部下属授权企业在北京签署协议，向蒙古国输出装配式建筑技术，在蒙古国首都乌兰巴托市建设绿色建筑科技园，帮助蒙古国规划和发展装配式建筑产业，并建设总金额约 150 亿元的乌兰巴托棚户区改造项目。

"我们已与'一带一路'沿线 12 个国家达成装配式建筑项目合作协议。"中民筑友建筑设计院院长谢俊博士介绍说，"一带一路"沿线国家住房需求量非常大，而与传统建筑方式相比，装配式建筑具有成本可控、进度快、品质保障等优点，很受当地政府和居民的欢迎（图 7.5-2）。

4. 柬埔寨七星海度假酒店

七星海旅游度假特区一期项目规划建设有五星级酒店群、高端热带风情度假村、海景豪宅别墅、多个特色大型高尔夫球场、大规模水上娱乐中心、海滨俱乐部、多样化游艇设施、大型私人庄园、山顶会所、丛林疗养会所、高端海岸餐厅、海岛公园、热带观光旅游农场、食品生产基地以及渔村古镇等众多休闲娱乐设施（图 7.5-3～图 7.5-7）。

图 7.5-2 蒙古国乌兰巴托市建设项目

图 7.5-3 移动工厂

图 7.5-4 轻钢主体

图 7.5-5 筑粒灌浆墙体

图 7.5-6 酒店内庭院

图 7.5-7 酒店环湖景

附录 A 相关企业介绍

1. 云南云天任高实业有限公司

    云南云天任高实业有限公司是依托云天化集团优质的磷石膏资源，生产节能、环保、新型建筑材料的资源综合利用型企业，公司立足保护和节约资源，以资源循环利用为己任，积极响应国家政策，引进国内外先进技术及设备，结合本区域资源优势，致力于新型绿色建材——石膏复合墙体材料研发、制造、安装、推广一体化专业公司。

    云南云天任高实业有限公司是一家对建筑石膏、石膏砌块等石膏制品进行研发、生产、推广的高新技术企业。公司生产基地位于昆明市西山区海口镇，交通方便、生产厂房面积 2 万余平方米，总投资 4500 万余元，公司依托云天化优质石膏资源，响应国家墙改政策，采用德国技术，引进国内外先进技术及设备，结合国内重点大学及专业科研院所为技术支撑，是中国目前生产新型节能环保、低碳、保温、抗震、防潮、轻质的绿色新型建材优秀企业之一。

2. 云南城投众和建设集团有限公司

云南城投众和建设集团有限公司（原名昆明一建建设集团有限公司），创建于1956年，是云南省首批获得国家壹级资质的施工企业，现系云南省城市建设投资集团有限公司的控股子公司，具有建筑工程施工、市政公用工程施工总承包壹级，钢结构工程、消防设施工程专业承包壹级，机电工程施工总承包贰级，建筑装修装饰工程及起重设备安装工程专业承包贰级资质，通过了质量、环境和职业健康安全管理体系认证，并具有境外工程承包资格。

公司拥有各类专业技术职务人员492名，其中高、中级专业技术职务人员202名，注册建造师115名；年施工能力达50亿元以上，自创建以来为社会奉献了一大批优质精品工程，创鲁班工程奖、国家优质工程银质奖、省、市优质工程及全国建筑业新技术应用银牌示范工程、AAA级安全文明标化工地、省、市级文明工地百余项。

"科学管理、质量兴业、诚信守法、安全环保、顾客满意、持续改进"是公司的管理方针。六十多年来，公司始终如一，积极打造企业品牌，连续二十余年被国家、省、市政府授予"重信用、守合同"企业荣誉称号，多次被中国建筑施工企业协会评为"全国优秀施工企业"、"全国施工企业设备管理先进单位"；荣获中国建筑业成长性200强企业、安全质量管理先进企业、昆明市首届十大善待外来务工人员企业，昆明市劳动关系和谐企业等称号。

展望未来，公司将继续坚持"诚信至上、顾客满意、服务社会、互利共赢"的经营方针，以满足客户需求为己任，竭诚为国内外顾客提供优质服务，与社会各界朋友携手共进！

3. 筑友智造科技产业集团

筑友智造科技产业集团（或筑友智造）是一家专业提供智慧建筑整体解决方案的运营商，同时从事智慧建筑生态链建设的创新型高科技企业，旗下拥有行业第一家上市公司（00726.HK），注册资本 30 亿元，总部位于湖南长沙。

公司始终坚持"科技领先"的发展战略，拥有行业全球领先的五大核心技术体系，掌握了智慧建筑领域 BIM、物联网、大数据、人工智能等核心技术。公司专利数量一直稳居行业第一位（1600 余项），设有院士专家工作站、行业唯一的省级工程研究中心等科研机构，拥有智能制造示范企业、国家装配式建筑产业基地等科研平台。

公司已在全国 22 个省、48 个市布局智能化数字工厂，全球首创的 EMPC 业务模式得到社会和客户广泛认可，目前已服务全国项目 500 万 m²，是行业工程施工面积和智能化生产线数量最多的企业。

公司立志通过持续技术创新，帮助人们享受更安全、舒适、智能的居住体验，打造更加开放的智慧建筑生态系统。

4. 云南城投中民昆建科技有限公司

云南城投中民昆建科技有限公司始建于 2017 年 11 月 13 日，公司以中民投旗下中民筑友为技术支持，打造中国新式建筑模式（装配式建筑），公司由云南城投众和建设、中民筑友极具实力的两家上市公司合资组建成立。

云南城投众和建设集团与中民筑友强强联合，打造云南省第一张装配式建筑名片。坐落于安宁市装配式建筑产业园区的云南城投中民昆建科技有限公司，设计年产 PC 预制构件 30 万 m³，另设计装配式综合管廊生产线，针对日益增长的市政综合管廊建设需求。

正在筹备中的晋宁绿色装配式建筑产业园区主要面向环滇池区域内的房建项目，准备建设三条墙柱类预制构件生产线，园区占地 140 亩，计划年产能达到 30 万 m³ 混凝土预制构件，满足约 100 万 m³ 建筑面积的项目需求。

推动建筑工业化，大力发展装配式建筑是国家"十三五"期间重要的行业政策，装配式建筑特别是 PC 混凝土装配式建筑无疑是建筑行业供给侧结构性改革的着力点。可以预期的是，在未来 5～10 年内，随着国家政策的不断推动，装配式建筑必将逐渐取代传统现浇式混凝土建筑成为建筑行业的主要趋势。

云南城投中民昆建科技有限公司主要经营混凝土结构构件、金属结构制造及销售；建筑工程的施工；社会经济信息咨询，建筑工业化技术咨询；建筑用新材料、新工艺、新技术、新设备的研发、生产及销售；建筑工程检测服务；工程勘察设计；整体厨房、整体卫浴的研发、生产及销售；自营和代理商品和技术的进出口业务（依法须经批准的项目，经相关部门批准后方可开展经营活动）。

5. 昆明市建筑设计院

昆明市建筑设计研究院股份有限公司始建于 1964 年 9 月，是云南省最早的国家甲级勘察设计单位之一。公司现有 4 个国家甲级资质，分别为建筑工程设计（建筑装饰工程设计、建筑幕墙工程设计、轻型钢结构工程设计、建筑智能化系统设计、照明工程设计和消防设施工程设计相应范围的甲级专项工程设计，可从事资质证书许可范围内相应的建设工程总承包业务以及项目管理和相关的技术与管理服务）、城乡规划、工程咨询、岩土工程勘察；2 个乙级设计资质，分别为市政设计（排水工程、给水工程、道路工程设计；风景

园林专项设计。可从事资质证书许可范围内相应的建设工程总承包业务以及项目管理和相关的技术与管理服务)、工程咨询(生态建设、环境工程、城市规划的工程咨询);2 个丙级资质,电力行业工程设计(变电工程、送电工程)、旅游规划设计;施工图设计文件审查资格,含勘察一类、房建设计一类(含超限)、市政设计二类(道路、给水、排水);具有国家商务部核发的对外承包工程资格;通过质量管理体系(ISO9001)认证。

公司现有在职职工 454 人(至 2017 年 12 月末),其中各类专业人员近 398 人,正高级工程师、高级工程师 105 人,各类专业执业注册人员 103 人。

6. 众和装饰

云南城投众和装饰有限公司是云南本土建筑装饰龙头品牌。公司成立于 2016 年 5 月 5 日,注册资本 5000 万元,前身为云南同力环境艺术工程有限公司。公司通过了质量、环境、职业健康安全三体系认证,拥有的相关资质为:建筑装饰工程专项设计甲级;建筑装修装饰工程专业承包壹级;建筑幕墙工程专业承包壹级;建筑幕墙工程设计专项资质乙级;建筑智能化工程专业承包贰级;消防设施工程专业承包贰级等。企业荣获云南省建筑装饰行业十强企业等荣誉称号。

附录 B 装配式建筑相关政策

1. 主要政策汇编

1）中共中央、国务院关于推进装配式建筑发展的政策文件

国务院办公厅关于转发发展改革委住房城乡建设部绿色建筑行动方案的通知	国办发〔2013〕1 号	2013 年 1 月 1 日
国务院办公厅关于大力发展装配式建筑的指导意见	国办发〔2016〕71 号	2016 年 9 月 27 日
中共中央　国务院关于进一步加强城市规划建设管理工作的若干意见	中发〔2016〕6 号	2016 年 2 月 6 日
国务院办公厅关于大力发展装配式建筑的指导意见	国办发〔2016〕71 号	2016 年 9 月 27 日

2）国家部委关于推进装配式建筑发展的政策文件

文件名称	文号	发布时间
工业和信息化部住房城乡建设部关于印发《促进绿色建材生产和应用行动方案》的通知	工信部联原〔2015〕309 号	2015 年 8 月 31 日
住房城乡建设部关于印发装配式混凝土结构建筑工程施工图设计文件技术审查要点的通知	建质函〔2016〕287 号	2016 年 12 月 15 日
住房城乡建设部关于印发《装配式建筑工程消耗量定额》的通知	建标〔2016〕291 号	2016 年 12 月 23 日
住房城乡建设部关于发布国家标准《装配式木结构建筑技术标准》的公告	中华人民共和国住房和城乡建设部公告第 1417 号	2017 年 1 月 10 日
住房城乡建设部关于发布国家标准《装配式钢结构建筑技术标准》的公告	中华人民共和国住房和城乡建设部公告第 1418 号	2017 年 1 月 10 日
住房城乡建设部关于发布国家标准《装配式混凝土建筑技术标准》的公告	中华人民共和国住房和城乡建设部公告第 1419 号	2017 年 1 月 10 日
住房城乡建设部关于印发建筑节能与绿色建筑发展"十三五"规划的通知	建科〔2017〕53 号	2017 年 3 月 1 日
住房城乡建设部关于印发("十三五"装配式建筑行动方案)《装配式建筑示范城市管理办法》《装配式建筑产业基地管理办法》	建科〔2017〕77 号	2017 年 3 月 23 日
住房城乡建设部标准定额司　建筑节能与科技司关于做好装配式建筑系列标准培训宣传与实施工作的通知	建标实涵〔2017〕152 号	2017 年 7 月 6 日
住房城乡建设部办公厅关于认定第一批装配式建筑示范城市和产业基地的涵	建办科通〔2017〕771 号	2017 年 11 月 9 日
住房城乡建设部关于发布国家标准《装配式建筑评价标准》的公告	中华人民共和国住房和城乡建设部公告第 773 号	2017 年 12 月 12 日
建筑节能与绿色建筑发展"十三五"规划	建科〔2017〕53 号	2017 年 3 月 1 日

3）代表性高烈度抗震设防地区关于推进装配式建筑发展的政策文件

省	文件名称	文号	发布时间
北京	北京市住房和城乡建设委员会 北京市规划和国土资源管理委员会关于印发《北京市保障性住房预制装配式构件标准化技术要求》的通知	京建发〔2017〕4号	2017年1月11日
	北京市人民政府办公厅关于加快发展装配式建筑的实施意见	京政办发〔2017〕8号	2017年2月22日
	北京市住房和城乡建设委员会关于发布2017年《〈北京市建设工程计价依据预算消耗量定额〉装配式房屋建筑工程》的通知	京建发〔2017〕90号	2017年3月15日
	关于印发《北京市发展装配式建筑2017年工作计划》的通知	京装配联办发〔2017〕2号	2017年5月22日
	关于印发《北京市装配式建筑专家委员会管理办法》的通知	京建发〔2017〕382号	2017年9月22口
	关于印发《北京市装配式建筑项目设计管理办法》的通知	市规划国土发〔2017〕407号	2017年11月21日
	北京市住房和城乡建设委员会 北京市规划和国土资源管理委员会印发《关于在本市装配式建筑工程中实行工程总承包招投标的若干规定(试行)》的通知	京建法〔2017〕29号	2017年12月26日
	北京市住房和城乡建设委员会 北京市规划和国土资源管理委员会 北京市质量技术监督局关于加强装配式混凝土建筑工程设计施工质量全过程管控的通知	京建法〔2018〕6号	2018年3月23日
	北京市住房和城乡建设委员会关于明确装配式混凝土结构建筑工程施工现场质量监督工作要点的通知	京建发〔2018〕371号	2018年8月1日
云南	云南省住房和城乡建设厅关于加快发展钢结构建筑的指导意见	云建设〔2015〕355号	2015年7月24日
	云南省人民政府办公厅关于大力发展装配式建筑的实施意见	云政办发〔2017〕65号	2017年6月6日
	云南省住房和城乡建设厅关于加快装配式建筑及产业发展专项规划编制工作的通知	云建法〔2017〕297号	2017年6月19日
	云南省住房和城乡建设厅关于同意授予安宁市省级装配式建筑示范城市的批复	云建法函〔2017〕356号	2017年8月18日
	云南省住房和城乡建设厅关于同意授予安宁市工业园区省级装配式建筑产业示范园区的批复	云建法函〔2017〕357号	2017年8月18日
	云南省住房和城乡建设厅关于授予云南震安减震科技股份有限公司等5家企业省级装配式建筑产业基地的批复	云建法函〔2017〕380号	2017年9月4日

省	文件名称	文号	发布时间
云南	云南省人民政府办公厅关于大力发展装配式建筑的实施意见	云政办发[2017]65 号	2017 年 10 月 16 日
	云南省人民政府办公厅关于促进建筑业持续健康发展的实施意见	云政办发[2017]85 号	2017/7/25
	云南省绿色装配式建筑及产业发展规划(2019—2025 年)	云建科[2019]123 号	2019 年 5 月 6 日
	昆明市人民政府办公厅关于大力发展装配式建筑的通知	昆政办[2018]37 号	2018 年 5 月 2 日
	玉溪市人民政府办公室关于大力发展装配式建筑及产业的实施意见	玉政办发[2018]46 号	2018 年 10 月 26 日
	文山州人民政府《关于大力发展装配式建筑的实施意见》	文政发[2017]122 号	2017 年 11 月 13 日
	《蒙自市人民政府办公室关于印发蒙自市加快推动装配式建筑发展促进建筑产业转型升级实施方案(试行)的通知》	蒙政办发[2017]144 号	2017 年 9 月 5 日

2. 重要政策原文

1) 中共中央　国务院关于进一步加强城市规划建设管理工作的若干意见（中发〔2016〕6 号）

中共中央　国务院关于进一步加强城市规划建设管理工作的若干意见

（2016 年 2 月 6 日）

城市是经济社会发展和人民生产生活的重要载体，是现代文明的标志。新中国成立特别是改革开放以来，我国城市规划建设管理工作成就显著，城市规划法律法规和实施机制基本形成，基础设施明显改善，公共服务和管理水平持续提升，在促进经济社会发展、优化城乡布局、完善城市功能、增进民生福祉等方面发挥了重要作用。同时务必清醒地看到，城市规划建设管理中还存在一些突出问题：城市规划前瞻性、严肃性、强制性和公开性不够，城市建筑贪大、媚洋、求怪等乱象丛生，特色缺失，文化传承堪忧；城市建设盲目追求规模扩张，节约集约程度不高；依法治理城市力度不够，违法建设、大拆大建问题突出，公共产品和服务供给不足，环境污染、交通拥堵等"城市病"蔓延加重。

积极适应和引领经济发展新常态，把城市规划好、建设好、管理好，对促进以人为核心的新型城镇化发展，建设美丽中国，实现"两个一百年"奋斗目标和中华民族伟大复兴的中国梦具有重要现实意义和深远历史意义。为进一步加强和改进城市规划建造管理工作，解决制约城市科学发展的突出矛盾和深层次问题，开创城市现代化建设新局面，现提出以下意见。

一、总体要求

（一）指导思想。全面贯彻党的十八大和十八届三中、四中、五中全会及中央城镇化工作会议、中央城市工作会议精神，深入贯彻习近平总书记系列重要讲话精神，按照"五位一体"总体布局和"四个全面"战略布局，牢固树立和贯彻落实创新、协调、绿色、开放、共享的发展理念，认识、尊重、顺应城市发展规律，更好发挥法治的引领和规范作用，依法规划、建设和管理城市，贯彻"适用、经济、绿色、美观"的建筑方针，着力转变城市发展方式，着力塑造城市特色风貌，着力提升城市环境质量，着力创新城市管理服务，走出一条中国特色城市发展道路。

（二）总体目标。实现城市有序建设、适度开发、高效运行，努力打造和谐宜居、富有活力、各具特色的现代化城市，让人民生活更美好。

（三）基本原则。坚持依法治理与文明共建相结合，坚持规划先行与建管并重相结合，坚持改革创新与传承保护相结合，坚持统筹布局与分类指导相结合，坚持完善功能与宜居宜业相结合，坚持集约高效与安全便利相结合。

二、强化城市规划工作

（四）依法制定城市规划。城市规划在城市发展中起着战略引领和刚性控制的重要作用。依法加强规划编制和审批管理，严格执行城乡规划法规定的原则和程序，认真落实城市总体规划由本级政府编制、社会公众参与、同级人大常委会审议、上级政府审批的有关规定。创新规划理念，改进规划方法，把以人为本、尊重自然、传承历史、绿色低碳等理念融入城市规划全过程，增强规划的前瞻性、严肃性和连续性，实现一张蓝图干到底。坚持协调发展理念，从区域、城乡整体协调的高度确定城市定位、谋划城市发展。加强空间开发管制，划定城市开发边界，根据资源禀赋和环境承载能力，引导调控城市规模，优化城市空间布局和形态功能，确定城市建设约束性指标。按照严控增量、盘活存量、优化结构的思路，逐步调整城市用地结构，把保护基本农田放在优先地位，保证生态用地，合理安排建设用地，推动城市集约发展。改革完善城市规划管理体制，加强城市总体规划和土地利用总体规划的衔接，推进两图合一。在有条件的城市探索城市规划管理和国土资源管理部门合一。

（五）严格依法执行规划。经依法批准的城市规划，是城市建设和管理的依据，必须严格执行。进一步强化规划的强制性，凡是违反规划的行为都要严肃追究责任。城市政府应当定期向同级人大常委会报告城市规划实施情况。城市总体规划的修改，必须经原审批机关同意，并报同级人大常委会审议通过，从制度上防止随意修改规划等现象。控制性详细规划是规划实施的基础，未编制控制性详细规划的区域，不得进行建设。控制性详细规划的编制、实施以及对违规建设的处理结果，都要向社会公开。全面推行城市规划委员会制度。健全国家城乡规划督察员制度，实现规划督察全覆盖。完善社会参与机制，充分发挥专家和公众的力量，加强规划实施的社会监督。建立利用卫星遥感监测等多种手段共同监督规划实施的工作机制。严控各类开发区和城市新区设立，凡不符合城镇体系规划、城市总体规划和土地利用总体规划进行建设的，一律按违法处理。用 5 年左右时间，全面清查并处理建成区违法建设，坚决遏制新增违法建设。

三、塑造城市特色风貌

（六）提高城市设计水平。城市设计是落实城市规划、指导建筑设计、塑造城市特色风貌的有效手段。鼓励开展城市设计工作，通过城市设计，从整体平面和立体空间上统筹城市建筑布局，协调城市景观风貌，体现城市地域特征、民族特色和时代风貌。单体建筑设计方案必须在形体、色彩、体量、高度等方面符合城市设计要求。抓紧制定城市设计管理法规，完善相关技术导则。支持高等学校开设城市设计相关专业，建立和培育城市设计队伍。

（七）加强建筑设计管理。按照"适用、经济、绿色、美观"的建筑方针，突出建筑使用功能以及节能、节水、节地、节材和环保，防止片面追求建筑外观形象。强化公共建筑和超限高层建筑设计管理，建立大型公共建筑工程后评估制度。坚持开放发展理念，完善建筑设计招投标决策机制，规范决策行为，提高决策透明度和科学性。进一步培育和规范建筑设计市场，依法严格实施市场准入和清出。为建筑设计院和建筑师事务所发展创造更加良好的条件，鼓励国内外建筑设计企业充分竞争，使优秀作品脱颖而出。培养既有国际视野又有民族自信的建筑师队伍，进一步明确建筑师的权利和责任，提高建筑师的地位。倡导开展建筑评论，促进建筑设计理念的交融和升华。

（八）保护历史文化风貌。有序实施城市修补和有机更新，解决老城区环境品质下降、空间秩序混乱、历史文化遗产损毁等问题，促进建筑物、街道立面、无际线、色彩和环境更加协调、优美。通过维护加固老建筑、改造利用旧厂房、完善基础设施等措施，恢复老城区功能和活力。加强文化遗产保护传承和合理利用，保护古遗址、古建筑、近现代历史建筑，更好地延续历史文脉，展现城市风貌。用5年左右时间，完成所有城市历史文化街区划定和历史建筑确定工作。

四、提升城市建筑水平

（九）落实工程质量责任。完善工程质量安全管理制度，落实建设单位、勘察单位、设计单位、施工单位和工程监理单位五方主体质量安全责任。强化政府对工程建设全过程的质量监管，特别是强化对工程监理的监管，充分发挥质监站的作用。加强职业道德规范和技能培训，提高从业人员素质。深化建设项目组织实施方式改革，推广工程总承包制，加强建筑市场监管，严厉查处转包和违法分包等行为，推进建筑市场诚信体系建设。实行施工企业银行保函和工程质量责任保险制度。建立大型工程技术风险控制机制，鼓励大型公共建筑、地铁等按市场化原则向保险公司投保重大工程保险。

（十）加强建筑安全监管。实施工程全生命周期风险管理，重点抓好房屋建筑、城市桥梁、建筑幕墙、斜坡（高切坡）、隧道（地铁）、地下管线等工程运行使用的安全监管，做好质量安全鉴定和抗震加固管理，建立安全预警及应急控制机制。加强对既有建筑改扩建、装饰装修、工程加固的质量安全监管。全面排查城市老旧建筑安全隐患，采取有力措施限期整改，严防发生垮塌等重大事故，保障人民群众生命财产安全。

（十一）发展新型建造方式。大力推广装配式建筑，减少建筑垃圾和扬尘污染，缩短建造工期，提升工程质量。制定装配式建筑设计、施工和验收规范。完善部品部件标准，实现建筑部品部件工厂化生产。鼓励建筑企业装配式施工，现场装配。建设国家级装配式建筑生产基地。加大政策支持力度，力争用10年左右时间，使装配式建筑占新建建筑的比例达到30％。积极稳妥推广钢结构建筑。在具备条件的地方，倡导发展现代木结构建筑。

五、推进节能城市建设

（十二）推广建筑节能技术。提高建筑节能标准，推广绿色建筑和建材。支持和鼓励各地结合自然气候特点，推广应用地源热泵、水源热泵、太阳能发电等新能源技术，发展被动式房屋等绿色节能建筑。完善绿色节能建筑和建材评价体系，制定分布式能源建筑应用标准。分类制定建筑全生命周期能源消耗标准定额。

（十三）实施城市节能工程。在试点示范的基础上，加大工作力度，全面推进区域热电联产、政府机构节能、绿色照明等节能工程。明确供热采暖系统安全、节能、环保、卫生等技术要求，健全服务质量标准和评估监督办法。进一步加强对城市集中供热系统的技术改造和运行管理，提高热能利用效率。大力推行采暖地区住宅供热分户计量，新建住宅必须全部实现供热分户计量，既有住宅要逐步实施供热分户计量改造。

六、完善城市公共服务

（十四）大力推进棚改安居。深化城镇住房制度改革，以政府为主保障困难群体基本住房需求，以市场为主满足居民多层次住房需求。大力推进城镇棚户区改造，稳步实施城中村改造，有序推进老旧住宅小区综合整治、危房和非成套住房改造，加快配套基础设施建设，切实解决群众住房困难。打好棚户区改造三年攻坚战，到2020年，基本完成现有的城镇棚户区、城中村和危房改造。完善土地、财政和金融政策，落实税收政策。创新棚户区改造体制机制，推动政府购买棚改服务，推广政府与社会资本合作模式，构建多元化棚改实施主体，发挥开发性金融支持作用。积极推行棚户区改造货币化安置。因地制宜确定住房保障标准，健全准入退出机制。

（十五）建设地下综合管廊。认真总结推广试点城市经验，逐步推开城市地下综合管廊建设，统筹各类管线敷设，综合利用地下空间资源，提高城市综合承载能力。城市新区、各类园区、成片开发区域新建道路必须同步建设地下综合管廊，老城区要结合地铁建设、河道治理、道路整治、旧城更新、棚户区改造等，逐步推进地下综合管廊建设。加快制定地下综合管廊建设标准和技术导则。凡建有地下综合管廊的区域，各类管线必须全部入廊，管廊以外区域不得新建管线。管廊实行有偿使用，建立合理的收费机制。鼓励社会资本投资和运营地下综合管廊。各城市要综合考虑城市发展远景，按照先规划、后建设的原则，编制地下综合管廊建设专项规划，在年度建设计划中优先安排，并预留和控制地下空间。完善管理制度，确保管廊正常运行。

（十六）优化街区路网结构。加强街区的规划和建设，分梯级明确新建街区面积，推动发展开放便捷、尺度适宜、配套完善、邻里和谐的生活街区。新建住宅要推广街区制，原则上不再建设封闭住宅小区。已建成的住宅小区和单位大院要逐步打开，实现内部道路公共化，解决交通路网布局问题，促进土地节约利用。树立"窄马路、密路网"的城市道路布局理念，建设快速路、主次干路和支路级配合理的道路网系统。打通各类"断头路"，形成完整路网，提高道路通达性。科学、规范设置道路交通安全设施和交通管理设施，提高道路安全性。到 2020 年，城市建成区平均路网密度提高到 8 公里/平方公里，道路面积率达到 15%。积极采用单行道路方式组织交通。加强自行车道和步行道系统建设，倡导绿色出行。合理配置停车设施，鼓励社会参与，放宽市场准入，逐步缓解停车难问题。

（十七）优先发展公共交通。以提高公共交通分担率为突破口，缓解城市交通压力。统筹公共汽车、轻轨、地铁等多种类型公共交通协调发展，到 2020 年，超大、特大城市公共交通分担率达到 40% 以上，大城市达到 30% 以上，中小城市达到 20% 以上。加强城市综合交通枢纽建设，促进不同运输方式和城市内外交通之间的顺畅衔接、便捷换乘。扩大公共交通专用道的覆盖范围。实现中心城区公交站点 500 米内全覆盖。引入市场竞争机制，改革公交公司管理体制，鼓励社会资本参与公共交通设施建设和运营，增强公共交通运力。

（十八）健全公共服务设施。坚持共享发展理念，使人民群众在共建共享中有更多获得感。合理确定公共服务设施建设标准，加强社区服务场所建设，形成以社区级设施为基础，市、区级设施衔接配套的公共服务设施网络体系。配套建设中小学、幼儿园、超市、菜市场，以及社区养老、医疗卫生、文化服务等设施，大力推进无障碍设施建设，打造方便快捷生活圈。继续推动公共图书馆、美术馆、文化馆（站）、博物馆、科技馆免费向全社会开放。推动社区内公共设施向居民开放。合理规划建设广场、公园、步行道等公共活动空间，方便居民文体活动，促进居民交流。强化绿地服务居民日常活动的功能，使市民在居家附近能够看见到绿地、亲近绿地。城市公园原则上要免费向居民开放。限期清理腾退违规占用的公共空间。顺应新型城镇化的要求，稳步推进城镇基本公共服务常住人口全覆盖，稳定就业和生活的农业转移人口在住房、教育、文化、医疗卫生、计划生育和证照办理服务等方面，与城镇居民有同等权利和义务。

（十九）切实保障城市安全。加强市政基础设施建设，实施地下管网改造工程。提高城市排涝系统建设标准，加快实施改造。提高城市综合防灾和安全设施建设配置标准，加大建设投入力度，加强设施运行管理。建立城市备用饮用水水源地，确保饮水安全。健全城市抗震、防洪、排涝、消防、交通、应对地质灾害应急指挥体系，完善城市生命通道系统，加强城市防灾避难场所建设，增强抵御自然灾害、处置突发事件和危机管理能力。加强城市安全监管，建立专业化、职业化的应急救援队伍，提升社会治安综合治理水平，形成全天候、系统性、现代化的城市安全保障体系。

七、营造城市宜居环境

（二十）推进海绵城市建设。充分利用自然山体、河湖湿地、耕地、林地、草地等生态空间，建设海绵城市，提升水源涵养能力，缓解雨洪内涝压力，促进水资源循环利用。鼓励单位、社区和居民家庭安装雨水收集装置。大幅度减少城市硬覆盖地面，推广透水建材铺装，大力建设雨水花园、储水池塘、湿地公园、下沉式绿地等雨水滞留设施，让雨水自然积存、自然渗透、自然净化，不断提高城市雨水就地蓄积、渗透比例。

（二十一）恢复城市自然生态。制定并实施生态修复工作方案，有计划有步骤地修复被破坏的山体、河流、湿地、植被，积极推进采矿废弃地修复和再利用，治理污染土地，恢复城市自然生态。优化城市绿地布局，构建绿道系统，实现城市内外绿地连接贯通，将生态要素引入市区。建设森林城市。推行生态绿化方式，保护古树名木资源，广植当地树种，减少人工干预，让乔灌草合理搭配、自然生长。鼓励发展屋顶绿化、立体绿化。进一步提高城市人均公园绿地面积和城市建成区绿地率，改变城市建设中过分追求高强度开发、高密度建设、大面积硬化的状况，让城市更自然、更生态、更有特色。

（二十二）推进污水大气治理。强化城市污水治理，加快城市污水处理设施建设与改造，全面加强配套管网建设，提高城市污水收集处理能力。整治城市黑臭水体，强化城中村、老旧城区和城乡接合部污水截流、收集，抓紧治理城区污水横流、河湖水系污染严重的现象。到2020年，地级以上城市建成区力争实现污水全收集、全处理，缺水城市再生水利用率达到20%以上。以中水洁厕为突破口，不断提高污水利用率。新建住房和单体建筑面积超过一定规模的新建公共建筑应当安装中水设施，老旧住房也应当逐步实施中水利用改造。培育以经营中水业务为主的水务公司，合理形成中水回用价格，鼓励按市场化方式经营中水。城市工业生产、道路清扫、车辆冲洗、绿化浇灌、生态景观等生产和生态用水要优先使用中水。全面推进大气污染防治工作。加大城市工业源、面源、移动源污染综合治理力度，着力减少多污染物排放。加快调整城市能源结构，增加清洁能源供应。深化京津冀、长三角、珠三角等区域大气污染联防联控，健全重污染天气监测预警体系。提高环境监管能力，加大执法力度，严厉打击各类环境违法行为。倡导文明、节约、绿色的消费方式和生活习惯，动员全社会参与改善环境质量。

（二十三）加强垃圾综合治理。树立垃圾是重要资源和矿产的观念，建立政府、社区、企业和居民协调机制，通过分类投放收集、综合循环利用，促进垃圾减量化、资源化、无害化。到2020年，力争将垃圾回收利用率提高到35%以上。强化城市保洁工作，加强垃圾处理设施建设，统筹城乡垃圾处理处置，大力解决垃圾围城问题。推进垃圾收运处理企业化、市场化，促进垃圾清运体系与再生资源回收体系对接。通过限制过度包装，减少一次性制品使用，推行净菜入城等措施，从源头上减少垃圾产生。利用新技术、新设备，推广厨余垃圾家庭粉碎处理。完善激励机制和政策，力争用5年左右时间，基本建立餐厨废弃物和建筑垃圾回收和再生利用体系。

八、创新城市治理方式

（二十四）推进依法治理城市。适应城市规划建设管理新形势和新要求，加强重点领域法律法规的立改废释，形成覆盖城市规划建设管理全过程的法律法规制度。严格执行城市规划建设管理行政决策法定程序，坚决遏制领导干部随意干预城市规划设计和工程建设的现象。研究推动城乡规划法与刑法衔接，严厉惩处规划建设管理违法行为，强化法律责任追究，提高违法违规成本。

（二十五）改革城市管理体制。明确中央和省级政府城市管理主管部门，确定管理范围、权力清单和责任主体，理顺各部门职责分工。推进市县两级政府规划建设管理机构改革，推行跨部门综合执法。在设区的市推行市或区一级执法，推动执法重心下移和执法事项属地化管理。加强城市管理执法机构和队伍建设，提高管理、执法和服务水平。

（二十六）完善城市治理机制。落实市、区、街道、社区的管理服务责任，健全城市基层治理机制。进一步强化街道、社区党组织的领导核心作用，以社区服务型党组织建设带动社区居民自治组织、社区社会组织建设。增强社区服务功能，实现政府治理和社会调节、居民自治良性互动。加强信息公开，推进城市治理阳光运行，开展世界城市日、世界住房日等主题宣传活动。

（二十七）推进城市智慧管理。加强城市管理和服务体系智能化建设，促进大数据、物联网、云计算等现代信息技术与城市管理服务融合，提升城市治理和服务水平。加强市政设施运行管理、交通管理、环境管理、应急管理等城市管理数字化平台建设和功能整合，建设综合性城市管理数据库。推进城市宽带信息基础设施建设，强化网络安全保障。积极发展民生服务智慧应用。到 2020 年，建成一批特色鲜明的智慧城市。通过智慧城市建设和其他一系列城市规划建设管理措施，不断提高城市运行效率。

（二十八）提高市民文明素质。以加强和改进城市规划建设管理来满足人民群众日益增长的物质文化需要，以提升市民文明素质推动城市治理水平的不断提面。大力开展社会主义核心价值观学习教育实践，促进市民形成良好的道德素养和社会风尚，提高企业、社会组织和市民参与城市治理的意识和能力。从青少年抓起，完善学校、家庭、社会三结合的教育网络，将良好校风、优良家风和社会新风有机融合。建立完善市民行为规范，增强市民法治意识。

九、切实加强组织领导

（二十九）加强组织协调。中央和国家机关有关部门要加大对城市规划建设管理工作的指导、协调和支持力度，建立城市工作协调机制，定期研究相关工作。定期召开中央城市工作会议，研究解决城市发展中的重大问题。中央组织部、住房城乡建设部要定期组织新任市委书记、市长培训，不断提高城市主要领导规划建设管理的能力和水平。

（三十）落实工作责任。省级党委和政府要围绕中央提出的总目标，确定本地区城市发展的目标和任务，集中力量突破重点难点问题。城市党委和政府要制定具体目标和工作方案，明确实施步骤和保障措施，加强对城市规划建设管理工作的领导，落实工作经费。实施城市规划建设管理工作监督考核制度，确定考核指标体系，定期通报考核结果，并作为城市党政领导班子和领导干部综合考核评价的重要参考。

各地区各部门要认真贯彻落实本意见精神，明确责任分工和时间要求，确保各项政策措施落到实处。各地区各部门贯彻落实情况要及时向党中央、国务院报告。中央将就贯彻落实情况适时组织开展监督检查。

2）国务院办公厅关于大力发展装配式建筑的指导意见（国办发〔2016〕71号）

国务院办公厅关于大力发展
装配式建筑的指导意见

国办发〔2016〕71号

各省、自治区、直辖市人民政府，国务院各部委、各直属机构：

装配式建筑是用预制部品部件在工地装配而成的建筑。发展装配式建筑是建造方式的重大变革，是推进供给侧结构性改革和新型城镇化发展的重要举措，有利于节约资源能源、减少施工污染、提升劳动生产效率和质量安全水平，有利于促进建筑业与信息化工业化深度融合、培育新产业新动能、推动化解过剩产能。近年来，我国积极探索发展装配式建筑，但建造方式大多仍以现场浇筑为主，装配式建筑比例和规模化程度较低，与发展绿色建筑的有关要求以及先进建造方式相比还有很大差距。为贯彻落实《中共中央 国务院关于进一步加强城市规划建设管理工作的若干意见》和《政府工作报告》部署，大力发展装配式建筑，经国务院同意，现提出以下意见。

一、总体要求

（一）指导思想。全面贯彻党的十八大和十八届三中、四中、五中全会以及中央城镇化工作会议、中央城市工作会议精神，认真落实党中央、国务院决策部署，按照"五位一体"总体布局和"四个全面"战略布局，牢固树立和贯彻落实创新、协调、绿色、开放、共享的发展理念，按照适用、经济、安全、绿色、美观的要求，推动建造方式创新，大力发展装配式混凝土建筑和钢结构建筑，在具备条件的地方倡导发展现代木结构建筑，不断提高装配式建筑在新建建筑中的比例。坚持标准化设计、工厂化生产、装配化施工、一体化装修、信息化管理、智能化应用，提高技术水平和工程质量，促进建筑产业转型升级。

（二）基本原则。

坚持市场主导、政府推动。适应市场需求，充分发挥市场在资源配置中的决定性作用，更好发挥政府规划引导和政策支持作用，形成有利的体制机制和市场环境，促进市场主体积极参与、协同配合，有序发展装配式建筑。

坚持分区推进、逐步推广。根据不同地区的经济社会发展状况和产业技术条件，划分重点推进地区、积极推进地区和鼓励推进地区，因地制宜、循序渐进，以点带面、试点先行，及时总结经验，形成局部带动整体的工作格局。

坚持顶层设计、协调发展。把协同推进标准、设计、生产、施工、使用维护等作为发展装配式建筑的有效抓手，推动各个环节有机结合，以建造方式变革促进工程建设全过程提质增效，带动建筑业整体水平的提升。

（三）工作目标。以京津冀、长三角、珠三角三大城市群为重点推进地区，常住人口超过300万的其他城市为积极推进地区，其余城市为鼓励推进地区，因地制宜发展装配式混凝土结构、钢结构和现代木结构等装配式建筑。力争用10年左右的时间，使装配式建筑占新建建筑面积的比例达到30%。同时，逐步完善法律法规、技术标准和监管体系，推动形成一批设计、施工、部品部件规模化生产企业，具有现代装配建造水平的工程总承包企业以及与之相适应的专业化技能队伍。

二、重点任务

（四）健全标准规范体系。加快编制装配式建筑国家标准、行业标准和地方标准，支持企业编制标准、加强技术创新，鼓励社会组织编制团体标准，促进关键技术和成套技术研究成果转化为标准规范。强化建筑材料标准、部品部件标准、工程标准之间的衔接。制修订装配式建筑工程定额等计价依据。完善装配式建筑防火抗震防灾标准。研究建立装配式建筑评价标准和方法。逐步建立完善覆盖设计、生产、施工和使用维护全过程的装配式建筑标准规范体系。

（五）创新装配式建筑设计。统筹建筑结构、机电设备、部品部件、装配施工、装饰装修，推行装配式建筑一体化集成设计。推广通用化、模数化、标准化设计方式，积极应用建筑信息模型技术，提高建筑领域各专业协同设计能力，加强对装配式建筑建设全过程的指导和服务。鼓励设计单位与科研院所、高校等联合开发装配式建筑设计技术和通用设计软件。

（六）优化部品部件生产。引导建筑行业部品部件生产企业合理布局，提高产业聚集度，培育一批技术先进、专业配套、管理规范的骨干企业和生产基地。支持部品部件生产企业完善产品品种和规格，促进专业化、标准化、规模化、信息化生产，优化物流管理，合理组织配送。积极引导设备制造企业研发部品部件生产装备机具，提高自动化和柔性加工技术水平。建立部品部件质量验收机制，确保产品质量。

（七）提升装配施工水平。引导企业研发应用与装配式施工相适应的技术、设备和机具，提高部品部件的装配施工连接质量和建筑安全性能。鼓励企业创新施工组织方式，推行绿色施工，应用结构工程与分部分项工程协同施工新模式。支持施工企业总结编制施工工法，提高装配施工技能，实现技术工艺、组织管理、技能队伍的转变，打造一批具有较高装配施工技术水平的骨干企业。

（八）推进建筑全装修。实行装配式建筑装饰装修与主体结构、机电设备协同施工。积极推广标准化、集成化、模块化的装修模式，促进整体厨卫、轻质隔墙等材料、产品和设备管线集成化技术的应用，提高装配化装修水平。倡导菜单式全装修，满足消费者个性化需求。

（九）推广绿色建材。提高绿色建材在装配式建筑中的应用比例。开发应用品质优良、节能环保、功能良好的新型建筑材料，并加快推进绿色建材评价。鼓励装饰与保温隔热材料一体化应用。推广应用高性能节能门窗。强制淘汰不符合节能环保要求、质量性能差的建筑材料，确保安全、绿色、环保。

（十）推行工程总承包。装配式建筑原则上应采用工程总承包模式，可按照技术复杂类工程项目招投标。工程总承包企业要对工程质量、安全、进度、造价负总责。要健全与装配式建筑总承包相适应的发包承包、施工许可、分包管理、工程造价、质量安全监管、竣工验收等制度，实现工程设计、部品部件生产、施工及采购的统一管理和深度融合，优化项目管理方式。鼓励建立装配式建筑产业技术创新联盟，加大研发投入，增强创新能力。支持大型设计、施工和部品部件生产企业通过调整组织架构、健全管理体系，向具有工程管理、设计、施工、生产、采购能力的工程总承包企业转型。

（十一）确保工程质量安全。完善装配式建筑工程质量安全管理制度，健全质量安全责任体系，落实各方主体质量安全责任。加强全过程监管，建设和监理等相关方可采用驻厂监造等方式加强部品部件生产质量管控；施工企业要加强施工过程质量安全控制和检验检测，完善装配施工质量保证体系；在建筑物明显部位设置永久性标牌，公示质量安全责任主体和主要责任人。加强行业监管，明确符合装配式建筑特点的施工图审查要求，建立全过程质量追溯制度，加大抽查抽测力度，严肃查处质量安全违法违规行为。

三、保障措施

（十二）加强组织领导。各地区要因地制宜研究提出发展装配式建筑的目标和任务，建立健全工作机制，完善配套政策，组织具体实施，确保各项任务落到实处。各有关部门要加大指导、协调和支持力度，将发展装配式建筑作为贯彻落实中央城市工作会议精神的重要工作，列入城市规划建设管理工作监督考核指标体系，定期通报考核结果。

（十三）加大政策支持。建立健全装配式建筑相关法律法规体系。结合节能减排、产业发展、科技创新、污染防治等方面政策，加大对装配式建筑的支持力度。支持符合高新技术企业条件的装配式建筑部品部件生产企业享受相关优惠政策。符合新型墙体材料目录的部品部件生产企业，可按规定享受增值税即征即退优惠政策。在土地供应中，可将发展装配式建筑的相关要求纳入供地方案，并落实到土地使用合同中。鼓励各地结合实际出台支持装配式建筑发展的规划审批、土地供应、基础设施配套、财政金融等相关政策措施。政府投资工程要带头发展装配式建筑，推动装配式建筑"走出去"。在中国人居环境奖评选、国家生态园林城市评估、绿色建筑评价等工作中增加装配式建筑方面的指标要求。

（十四）强化队伍建设。大力培养装配式建筑设计、生产、施工、管理等专业人才。鼓励高等学校、职业学校设置装配式建筑相关课程，推动装配式建筑企业开展校企合作，创新人才培养模式。在建筑行业专业技术人员继续教育中增加装配式建筑相关内容。加大职业技能培训资金投入，建立培训基地，加强岗位技能提升培训，促进建筑业农民工向技术工人转型。加强国际交流合作，积极引进海外专业人才参与装配式建筑的研发、生产和管理。

（十五）做好宣传引导。通过多种形式深入宣传发展装配式建筑的经济社会效益，广泛宣传装配式建筑基本知识，提高社会认知度，营造各方共同关注、支持装配式建筑发展的良好氛围，促进装配式建筑相关产业和市场发展。

国务院办公厅
2016 年 9 月 27 日

3）云南省绿色装配式建筑及产业发展规划（2019—2025 年）（云建科［2019］123 号）

云南省住房和城乡建设厅
云南省发展和改革委员会
云南省工业和信息化厅文件
云 南 省 自 然 资 源 厅
云 南 省 生 态 环 境 厅
国家税务总局云南省税务局

云建科［2019］123 号

云南省住房和城乡建设厅　云南省发展和改革委员会
云南省工业和信息化厅　云南省自然资源厅
云南省生态环境厅　国家税务总局云南省税务局
关于印发《云南省绿色装配式建筑及产业
发展规划（2019—2025 年)》的通知

各州、市住房和城乡建设局、发展改革委、工业和信息化局、自然资源主管部门、生态环境局、税务局、滇中新区管委会：

现将《云南省绿色装配式建筑及产业发展规划（2019—2025 年)》印发给你们，请认真贯彻执行。

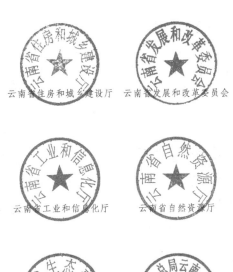

云南省绿色装配式建筑及产业发展规划

（2019—2025 年）

云南省住房和城乡建设厅　　云南省发展和改革委员会

云南省工业和信息化厅　　　云南省自然资源厅

云南省生态环境厅　　　　　国家税务总局云南省税务局

2019 年 5 月

目　　录

（二十五）加强专业人才培养

（二十六）加强质量安全管理

（二十七）强化全过程有效监管

七、支持政策

（二十八）财政支持

（二十九）服务支持

（三十）税收支持

为了推进绿色建筑、装配式建筑和节能建筑发展，推动建筑业及相关产业升级，加快产业现代化进程，促进城镇建设和社会经济高质量发展，制定本规划。

一、发展环境

（一）主要成绩。

绿色建筑实现了规模化发展。2018 年，全省新建建筑设计阶段绿色建筑占比已达47.15％。昆明新建建筑设计阶段已全部执行了绿色建筑标准，呈贡新区完成了国家级绿色生态城区建设任务。启动实施了绿色建材标识评价认定工作，预拌混凝土绿色化水平达到了 10％，其中，昆明已达 20.4％。装配式建筑实现了从无到有的发展。技术创新有了重大突破，部署实施了技术研发计划、示范城镇、示范工程，其中，高层装配式混凝土住宅已经竣工交付使用，初步建立了适合云南地震多发地区装配式混凝土剪力墙住宅技术体系。重视科学管理创新，本省企业自主研发的节点法项目组织实施方式和 BIM 技术在重点工程进行了全过程应用，达到了国内领先水平。加强了产业能力提升，认定了一批省级产业基地（园区），引导社会投资新建了一批部品部件预制厂，一批原有企业增加了新产品生产线。建成了一定规模的节能建筑。2012 年，在全国率先实行了可再生能源建筑应用强制推广政策，新建建筑至少选用一种可再生能源，太阳能建筑应用率达到了较高水平。新建公共建筑于 2016 年起执行了国家新的节能设计标准。

（二）困难问题。

绿色建筑和节能建筑发展质量不高，昆明新建建筑已全都执行绿色建筑标准，有的州（市）才刚刚起步，全省获得绿色建筑标识的项目占比仅有 3.8％；装配式建筑项目落地难，采用装配式技术的建设项目屈指可数，占比不足 1％；太阳能作为我省建筑的主要节能措施，应用技术水平不高，距离安全、美观、高效有较大差距。上述问题，表明我省建筑及产业的绿色化、工业化水平较低。

（三）发展形势。

发展绿色装配式建筑是加快生态文明建设的基本要求。进入"十三五"以来，为了加快转变经济发展方式、提高发展质量和效益，党中央国务院部署加快推进生态文明建设，将绿色建筑、装配式建筑和节能建筑发展分别纳入了绿色发展、能耗"双控"行动、应对气候变化行动等目标责任考核指标体系当中。云南能源、水资源和土地资源约束较为突出，社会经济发展进入了加速期，也是能源资源需求的高峰期，建筑的能源资源消耗大，要通过发展绿色建筑、装配式建筑和节能建筑，使建筑在建造和使用过程中，最大限度地节约资源、保护环境和减少污染，推动形成人与自然和谐发展的现代化建设新格局，为云南争当全国生态文明建设排头兵再创佳绩。

发展绿色装配式建筑是实施新型城镇化战略的重要任务。为了贯彻落实新的发展理念，党中央国务院和省委省政府做出了进一步加强城市规划建设管理工作的意见，要求转变城市发展方式，对绿色建筑、装配式建筑和节能建筑发展做出了明确安排部署。云南城镇化处于加速发展阶段，各种生产要素迅速向城镇聚集。与此同时，丰富的旅游资源和独特的气候条件，使云南成为全国旅游和康养的热点地区，城镇的经济职能和作用相对更加突出，要通过发展绿色建筑、装配式建筑和节能建筑，不断提高城镇的资源环境承载能力，更好地推动"产城融合"发展，努力打造和谐宜居、富有活力、各具特色的现代化城镇。

发展绿色装配式建筑是推进产业现代化建设的关键抓手。建筑业是国民经济的重要支柱产业，对经济社会发展、城乡建设和民生改善作出了重要贡献。但是，推动建筑业持续健康发展，必须贯彻落实国家创新驱动发展战略，按照高质量发展要求，加快产业现代化进程，要通过发展绿色建筑、装配式建筑和节能建筑，加快提高建筑及产业的绿色化和工业化水平和能力，健全和完善产业链，推动工程建设全过程提质增效。

发展绿色装配式建筑是持续改善和提高住房条件的必经之路。改革开放以来，城镇居民住房条件得到了明显改善和提高。但是，不断满足人民日益增长的美好生活需要及住房消费需求，需要不断提高住房建设水平和质量，要通过发展绿色建筑、装配式建筑和节能建筑，不断提高建造水平和质量，不断提高建筑综合性能，延长建筑使用寿命，努力打造"百年住宅"，全面推动建筑的绿色化发展并惠及于民。

（四）历史机遇。

建筑业及相关产业重塑。发展绿色建筑、装配式建筑和节能建筑，建筑要向"四节一环保"的绿色化升级，建造方式要向工业化升级，建筑材料要向绿色化和部品部件升级。建筑及配套产品的更新换代过程，也是建筑业及相关产业重塑过程，特别是装配式建筑的工业化建造方式，要求设计、生产、施工全产业链各环节协同，能有效缓解因相互脱节造成的配套产品需求与供给不平衡矛盾，健全和完善产品体系，有效延伸产业链，补齐产业短板，更好地发挥建筑业作为支柱产业的支撑和带动作用。

国家重大战略配套政策叠加。为了实现高质量发展，建立现代化经济体系，国家不断加强政策体系建设，加快推进生态文明建设，实施了节能减排、污染防治、绿色金融等政策，对建筑业及相关产业转型升级发展有利；西部大开发战略的产业政策，对建筑业及相关产业转型升级发展有利；"一带一路"倡议，将云南从开放末端变为前沿，对建筑业及相关产业转型升级发展有利；深度推进供给侧改革的产业政策，对建筑业及相关产业转型升级发展有利。

（五）面临挑战。

思想观念受到挑战。发展绿色建筑、装配式建筑和节能建筑，推动产业转型升级，首先要走出"生态文明建设是环境保护工作的提升""生态文明建设与经济发展是矛盾的"，"生态文明建设是政府的事儿"等认识误区，纠正"云南地震多发，装配式建筑就是装配式结构，不能搞"，"云南气候温和，绿色建筑和节能建筑都是天生的，不用搞"等因循守旧观念。总之，推进高质量发展，需要加快转变思想观念。

综合能力受到挑战。为了完善现代市场体系，国家实施了放宽市场准入、减少行政审批和打破地区封锁等一系列改革措施，推动形成了全国统一开放的建筑市场，但我省建筑企业及从业人员普遍缺乏绿色装配式建筑建造经验，这使云南建筑业及相关产业面临优胜劣汰的严峻考验，技术创新能力、风险防范能力受到挑战。因此，需要增强发展的信心和决心、激发市场主体活力、有效监管和规范市场行为，妥善解决好政策协同配合不够、工作跟进不及时等问题，全面提高推动发展和风险防范能力。

二、总体要求

（六）指导思想。

以习近平新时代中国特色社会主义思想为行动指南，按照创新、协调、绿色、开放、共享发展理念和党的十九大报告提出的建设现代化经济体系要求，更新发展观念，转变发展方式，深入贯彻落实党中央国务院和省委省政府关于加快生态文明建设、新型城镇化战略、西部大开发战略、创新驱动发展战略等重大决策部署，把推进高质量发展，加快产业现代化，作为做大做强我省建筑业的历史机遇，努力推进绿色建筑、装配式建筑和节能建筑发展，不断提高绿色化和工业化建造能力，转换形成产业增长动力和实力，带动相关产业转型升级发展，促进城镇和建筑品质的提升，不断满足人民日益增长的美好生活需要及住房消费需求。

（七）基本原则。

——坚持科学精准推进。要结合本地实际和各类建筑特点，抓好目标任务和推广政策的统筹落实，使推广政策对任务完成和目标实现形成有力地支撑；抓好投资项目和产业项目的统筹落实，做到建筑和建材两个绿色化的同步推进，装配式建筑、装配化装修建筑、太阳能一体化建筑与部品部件生产供给能力的协调推进，推动全产业链贯通融合发展。

——坚持量质并重。要重视发挥规模经济效益，保证配套产业的同步协调发展。要重视高质量发展，发展绿色建筑和节能建筑是世界各国应对气候变化的基本举措，装配式技术是发达国家通用的建造方式，周边国家也达到了一定的工业化建造水平，要在国家提出的"适度提高安全、质量、性能、健康、节能等强制性指标"的基础上，鼓励引导高标准、高质量发展，不断提升产业现代化水平，增强我省建筑业市场竞争力和对外工程承包能力，更好地利用地缘优势，融入"一带一路"建设，推动我省建筑业"走出去"。要确保工程质量，建筑事关生命财产安全，必须强化风险意识，要正确处理好鼓励技术研发与推广应用成熟技术的关系，要依法依规完善风险防控机制，不断提高风险防范和化解能力。

——坚持深化改革与技术创新"双轮"驱动。技术是产业之源，技术创新能力是产业变革的基础，也是企业竞争力的核心要素，在继续深化体制机制改革的同时，必须全面增强创新意识和能力，提高创新效率，鼓励自主创新、合作集成创新和引进再创新等方式，鼓励全产业链和跨行业的协同创新，研发应用符合云南气候、地质、资源条件的高品质建筑技术，增强产业核心技术能力，并推动项目管理、组织构架、商业模式的全面创新，促进我省建筑业及相关产业的全面提质增效。

（八）发展目标。

2020 年发展目标：

——实现绿色建筑规模化发展。全省城镇设计阶段绿色建筑占新建建筑比重超过50％，竣工验收阶段绿色建筑占新建建筑比重达到 50％；推进绿色建筑高质量发展，全省获得运行标识的绿色建筑占比明显提高，二星级以上高等级绿色建筑占绿色建筑比例力争达到 5％，有条件的州（市）和城镇力争达到 10％以上，绿色生态示范城区要达到30％以上；绿色建材产品和部品部件实现规模化应用，新建建筑应用比例达到 40％，绿色建筑和装配式建筑应用比例达到 50％以上。

——实现装配式建筑从少到多的发展。装配式建筑占新建建筑面积比例达到 15％以上，并全部达到绿色建筑标准；昆明、曲靖、红河、五溪、楚雄等省级重点推进地区力争达到 20％，保山、文山、西双版纳、大理、德宏等省级积极推进地区实现自定发展目标，昭通、普洱、临沧、怒江、丽江、迪庆等省级鼓励推进地区实现因地制宜的发展；装配式建筑"走出去"力争实现零的突破；全省新建建筑全装修成品交房面积力争达到 30％，装配式混凝土建筑力争全部达到装配化装修标准。

——实现城镇建筑能效的明显提升。全省新建建筑能效水平提升 20％，建成一批太阳能一体化建筑优秀示范工程，太阳能对建筑常规能源替代量超过 6％，实现省会城市公共建筑规模化节能改造，既有居住建筑节能改造实现零的突破。

——重点推进地区初步具备绿色化、工业化建造能力。初步建立起绿色建筑、装配式建筑技术体系、标准体系、政策体系、监管体系，推动形成一批具备绿色建筑、装配式建筑和超低能耗建筑设计、生产、施工能力的骨干企业；初步建立起绿色建材产品和部品部件生产体系，上下游配套建材产品生产得到优化，绿色建材产品及部品部件生产比重在行业主营收入中占比提高到 20％，预拌混凝土绿色化要率先达到 60％以上；推动形成全产业链和产业之间的协同创新与融合发展机制，一批企业发展成为国家级、省级装配式建筑产业基地，省级重点推进地区初步具备高等级绿色建筑和装配式建筑实施能力。

2025 年发展目标：

——实现绿色建筑高质量发展。全省城镇新建建筑全部执行绿色建筑标准；持续推进绿色建筑高质量发展，全省获得运行标识的绿色建筑占比倍增，其中，二星级以上高等级绿色建筑占绿色建筑比例力争达到 10％，有条件的州（市）和城镇力争达到 20％以上；建成一批绿色生态城区；绿色建材产品和部品部件应用比例明显提高，新建建筑应用比例达到 60％，绿色建筑、装配式建筑应用比例达到 70％以上。

——实现装配式建筑规模化发展。装配式建筑占新建建筑面积比例达到 30％以上，并全部达到绿色建筑标准；昆明、曲靖、红河、玉溪、楚雄等省级重点推进地区达到 40％，省级积极推进地区和鼓励推进地区实现有序发展；新建建筑装配化全装修成品交房建筑力争达到 50％以上；装配式建筑"走出去"占我省对外工程承包总营业额的 20％以上。

——建筑节能技术水平和质量大幅度提升。新建建筑全部达到太阳能一体化建筑标准，建成一批超低能耗建筑示范，实现重点城市公共建筑规模化节能改造，居住建筑节能改造形成一定的规模。

——普遍具备绿色化、工业化建造能力。建立起基本完善的绿色建筑、装配式建筑和超低能耗建筑技术体系、标准体系、政策体系、监管体系，推动形成一批具备高质量绿色建筑、装配式建筑设计、生产、施工能力的骨干企业和工程总承包企业；形成基本完善的绿色建材产品和部品部件生产体系，绿色建材产品及部品部件生产初具规模，生产比重在行业主营收入中占比提高到 50％，有效供给能力明显增强，全省普遍具备高等级绿色建筑和装配式建筑规模化发展的产业实施能力。

专栏 1　云南省绿色装配式建筑发展主要指标

指标		2018	2020	2025	性质
城镇绿色建筑占新建建筑比重（％）*	设计	47.15	50	90	约束性
	竣工	40	50	90	约束性
二星级以上（运行）标识项目占绿色建筑比例（％）		3.8	5—10▲	10—20▲	导向性
城镇新建建筑中绿色建材应用比例（％）		5	40	60	预期性
绿色生态城区		1	2▲	16▲	导向性

指标	2018	2020	2025	性质
绿色农房/乡土建筑示范城镇	1	2▲	16▲	导向性
城镇装配式建筑占新建建筑比重（%）*	1	15	30	预期性
城镇全装修成品交房建筑（%）	5	30	50	预期性
城镇新建建筑能效提升（%）*		20	质量提升	约束性
实施既有居住建筑节能改造（万 m²）*		零的突破	较大规模	约束性
重点城市实施既有公共建筑节能改造（个）*	0	1	规定任务	约束性
城镇建筑可再生能源替代量（%）	5	6▲	8▲	预期性
超低能耗建筑（批）	4		1▲	导向性

注：1. 加 * 指标为绿色发展指标体系、国务院节能减排综合工作方案、国家新型城镇化发展规划（2014—2020 年）、中央城市工作会议和省委省政府相关文件已明确提出的指标。

2. 加注▲号的为预测值。

三、统筹推进项目建设

（九）大力发展绿色建筑。

全省城镇要分期分批做到新建建筑全面执行绿色建筑标准，使全省城镇建设步入节地、节能、节水、节材、保护环境和减少污染的发展轨道，慎用或少用玻璃幕墙，使建筑品质和人居环境得到明显提升。全省政府投资的国家机关、学校、医院、博物馆、科技馆、体育馆等建筑，以及单体建筑面积超过 2 万 m² 的机场、车站、宾馆、饭店、商场、写字楼等大型公共建筑，要全部执行绿色建筑标准。2019 年起，州（市）政府应按照《云南省人民政府关于印发云南省打赢蓝天保卫战三年行动实施方案的通知》（云政发〔2018〕44 号）和《云南省大气污染防治专项小组关于印发云南省打赢蓝天保卫战三年行动实施方案重点攻坚任务完成情况考评标准的通知》（云污防气〔2018〕32 号）要求，制定和出台相应的绿色建筑推广政策，严格落实。

实施绿色建筑质量提升行动，鼓励各类新建建筑达到二星级以上绿色建筑标准，并逐年提高占比。推进绿色生态城区建设，每个州（市）要力争打造一个绿色生态示范城区，统筹推进建筑、产业和交通等各类工程建设的绿色发展。

（十）积极稳妥发展装配式建筑。

政府和国企投资、主导的建筑工程应带头采用装配式技术。根据装配式钢结构建筑抗震性好、工业化生产程度高、施工周期短等特点，条件允许应优先采用装配式钢结构技术。倡导社会投资的办公建筑、敬老院、宾馆等部品部件通用率较高的公共建筑采用装配式钢结构技术。停车难问题突出的城镇，应结合交通设施建设，积极补建装配式钢结构立体停车库。

鼓励引导装配式住房建设，重视发挥规模经济效益，形成部品部件的市场需求，推动配套产业的协调发展。保障性住房、棚改安置房和商品住房应推广应用成熟适用技术体系，做到提高质量、提高效率、减少污染。探索推进装配式钢结构住宅建设，开展钢结构住宅建设试点，倡导康养等各类租赁住房采用装配式钢结构技术。在鼓励引导发展的基础上，各地可结合本地技术水平和产业支撑能力，适时制定出台强制推广政策，加快推进我省住宅产业化进程，逐步缩小发展差距。

（十一）加快发展太阳能一体化建筑。

太阳能应用是我省建筑节能重要措施，要加快提高太阳能建筑应用水平和对常规能源的替代能力。严格执行新建建筑至少采用一种可再生能源，并优先选用太阳能技术的推广政策。按照经济、安全、美观、高效的要求，加快提高太阳能热水系统一体化技术水平，建成一批省级优秀示范工程，逐步消除屋顶暴露的储水设施，进一步提高系统能效，力争3年内实现重大突破。加大光伏发电建筑应用力度，政府和国有企业投资、主导的各类公共建筑应积极采用屋顶和外立面光伏一体化成熟技术。州（市）政府所在地应积极推进太阳能一体化建筑，每年新建建筑中达到太阳能一体化建筑评价标准的建设项目占比逐年提高，每年要至少有两个以上的项目列入省级优秀示范工程。鼓励和支持有条件的州（市）和县（市、区）率先实施新建建筑全面执行太阳能一体化建筑标准。

（十二）加快发展装配化全装修成品交房建筑。

为了避免二次装修造成的结构安全隐患、资源浪费和环境污染等问题，加快发展全装修成品交房建筑。不断提高全装修技术水平和服务水平，鼓励采用装配化装修技术，鼓励引导新建商品住房和各类公共建筑，采用干式工法楼面地面、集成厨房、集成卫生间、管线分离等装配化装修成套技术，并达到国家标准规定；鼓励向利用BIM技术和提供菜单式装修服务升级，满足建筑空间可变和维修更新的需要，有效延长建筑使用寿命。重点抓好配套产业发展，加快补齐相关产业发展短板。装配式建筑要做到全装修成品交房。州（市）政府所在地在全面执行绿色建筑标准的基础上，规模化推进全装修成品交房建筑，做到占比逐年提高。

（十三）引导发展绿色农房及乡土建筑。

各级政府要重视本地世居民族民居传统营造技艺的继承和发展，按照就地取材、产品配套、功能完善、适度装配、易于施工、结构安全、质量可靠、绿色节能、富有特色的要求，引导当地高品质绿色农房及乡土建筑发展。鼓励采取"公司＋工匠""高校＋工匠"等多种方式推进队伍建设和人才培养。探索成立由建筑师、结构师、设备师、建筑工匠、材料和部品生产企业等组成的绿色乡土建筑产业联盟等社会团体。加强传统营造技艺的系统评估，积极组织研发当地绿色乡土建筑技术体系，探索推广应用减隔震技术，增强传统民居抗震防灾能力。鼓励支持示范城镇及示范工程建设，进行示范工程实效评估，提炼绿色乡土建筑模型，制定技术导则及操作规程，落实建筑材料及部品生产供应渠道，明确参考成本价格，为村民建房提供相应的可选方案，影响和带动绿色乡土建筑可持续发展，为各具特色的城乡景观风貌建设，特别是传统村落的保护与更新创造有利条件。

（十四）持续发展各类节能建筑。

不断加强建筑能源消耗总量和能耗强度控制，新建建筑要严格执行节能设计标准，鼓励引导采取综合节能措施，兴建超低能耗、零能耗建筑，有效降低新建建筑能耗强度，力争两年内每个州（市）实现超低能耗建筑从无到有的发展。规模化推进公共建筑节能改造，昆明市应加快实施公共建筑能效提升重点城市建设，三年完成150万㎡的节能改造任务，平均能效提升15%以上；其他州（市）每年应完成至少2个大型公共建筑节能改造项目；建筑能耗强度较高的重点城市要抓紧制定实施方案，推进本地公共建筑的规模化节能改造。加强大型公共建筑节能监管，建立和完善能效测评、能耗统计、能源审计、能效公示、用能定额、节能服务等各项制度，加快能耗在线监测系统建设，促进既有高能耗大型公共建筑节能改造。新建、改建 2 万 m^2 以上的大型公共建筑和绿色建筑必须按规定设计安装建筑能耗在线监测分项计量装置，规范上传能耗数据。鼓励引导有条件的老旧小区改造，同步实施节能改造，重点实施太阳能热水系统治理工程，使其符合适用、经济、美观、高效的要求。

（十五）鼓励创建示范城镇。

支持装配式建筑重点推进地区创造性地开展工作，鼓励各州（市）、县市区制定实施更高的发展目标，加快形成重点推进地区和示范城镇带动发展格局。对推进二星级以上高等级绿色建筑、装配式建筑、太阳能一体化建筑、装配化全装修成品交房建筑、绿色农房及乡土建筑等项目建设和绿色生态示范城区建设成效明显，并在产业培育、发展机制、监管制度、保障措施等方面，为全省提供了有益经验的州（市）、县市区，逐级推荐申报省级、国家级示范城镇。

专栏 2　推进高质量发展重点工程
二星级以上高等级绿色建筑——鼓励引导新建建筑达到二星级以上绿色建筑标准，提高绿色建筑发展质量
绿色生态城区——鼓励引导有条件的城市新区、功能园区开展绿色生态城区（街区、住区）建设示范，实现绿色建筑集中连片推广
装配式建筑——鼓励引导政府、国企主导投资的新建建筑和社会投资的新建建筑采用装配式技术
装配化全装修建筑——鼓励新建建筑全装修成品交房，且采用干式工法楼面、地面，集成厨房、集成卫生间、管线与主体结构分离，满足建筑空间可变和维修更新的需要，延长建筑使用寿命
太阳能一体化建筑——鼓励新建建筑同步设计、同步施工、同步验收，并达到太阳能一体化建筑标准，做到经济、适用、安全、美观、高效，减少对景观造成的破坏
重点推进州（市）、示范城镇——鼓励州（市）和县（市、区）制定和实施更高的发展目标，并统筹推进相关产业建设发展

四、全面加强技术创新

（十六）规范各类建筑评价制度。

按照《国家创新驱动发展战略纲要》关于完善突出创新导向的评价制度有关要求，完善和规范各类建筑的评价认定制度。

按照项目所在地强制执行的绿色建筑设计规范、设计要点进行设计，并通过施工图审查的建筑可认定为绿色建筑，并纳入当地绿色建筑项目、面积的统计范围。如上述建筑需要获得绿色建筑评价标识与证书，应按照绿色建筑标识评价工作要求，依据绿色建筑评价相关标准，履行相应的评价程序。执行绿色建筑标准的建设项目至少应达到基本级要求，先由设计单位自评，通过施工图设计审查并核发施工图设计审查合格证书。申请一星级、二星级、三星级绿色建筑评价标识的建设项目，依据国家和省绿色建筑评价标准进行评价，由绿色建筑评价机构按照规定程序进行评价、公示、公告和颁发标识与证书。绿色生态城区依据《绿色生态城区评价标准》进行评价，按照绿色建筑程序规定进行评价认定，确认一星级、二星级、三星级绿色生态城区等级水平，并进行公示、公告和颁发标识与证书。

装配式建筑依据《云南省装配式建筑评价标准》进行评价，设计阶段达到装配式建筑基本级和 A 级、AA 级、AAA 级的建设项目，由设计单位自评和发布声明，建设单位提出申请，经绿色建筑评价机构按规定程序进行审核，确认等级水平，并出具书面审核意见。装配化全装修建筑依据《云南省装配式建筑评价标准》中全装修、干式工法楼面地面、集成厨房、集成卫生间、管线分离 5 个评价项的基本要求，即各单项分值不低于基本分要求，合计分值应在 22 分以上。由设计单位自评和发布声明，建设单位提出申请，经绿色建筑评价机构按规定程序进行审核，确认等级水平，并出具书面审核意见。

太阳能一体化建筑依据国家和省太阳能一体化建筑评价标准进行评价。设计阶段达到标准的建设项目，由设计单位自评并发布声明，建设单位提出申请，经绿色建筑评价机构按规定程序进行审核，确认 A 级、AA 级、AAA 级太阳能一体化建筑等级水平，并出具书面审核意见。

按照上述要求，取得施工图设计审查、获得评价标识和审核意见的各类建筑方可计入当地完成任务量。评价机构应在收到完整申报材料 15 个工作日内，完成评价程序并出具审核意见。各级住房城乡建设主管部门和绿色建筑评价机构应按照《住房城乡建设部关于进一步规范绿色建筑评价管理工作的通知》（建科［2017］238 号）规定开展相关工作。

（十七）加大技术研发和推广力度。

加强关键共性技术研发。围绕提升建筑及产业绿色化、工业化能力，实现提高质量、提高效率，减少污染，部署实施云南省绿色装配式建筑技术研发计划，力争每年完成一批技术研发项目，加快建立和不断完善适合云南地震多发、气候温和、太阳能资源丰富和建筑文化多元特点的产业现代化建筑技术体系。

加强成熟技术推广。为了加快技术成果转化并保证建筑工程质量安全，进一步加强绿色建筑重大技术和产品评价认定，加快绿色建材产品评价认定，加强装配式建筑技术体系和关键技术、配套部品部件评估，省住房城乡建设主管部门不定期及时公告发布《云南省绿色装配式建筑技术和产品推广目录》。加强绿色建材产品应用管理，在新建建筑施工图审查和竣工验收及备案环节，对自评价和审查做出规定，确保各类建筑达到规定的应用比例要求。按照《深化体制机制改革和加快实施创新驱动发展战略的若干意见》关于"加快建立健全符合国际规则的支持采购创新产品和服务的政策体系"要求，各级政府及有关部门应及时将公告中的技术和产品纳入政府采购目录。政府和国有企业投资、主导的工程要带头采用新技术、新产品。全省新建建筑严禁使用已经淘汰的落后技术和产品。

推进产业创新能力提升。加快建立健全鼓励原始创新、合作集成创新、引进消化吸收再创新的体制机制，提高技术创新效率，抓住产业发展的机遇期。鼓励社会团体、产业联盟、产学研等多种形式的协同创新。强化企业在技术创新中的主体地位，大型国有企业要发挥创新骨干作用，中小企业要积极融入创新协同。加快建立高效的创新体系，探索政府支持的企业技术创新、管理创新、商业模式创新的新机制，激发建筑业与其他相关产业的创新活力和潜能，力争产业技术水平年年有进步。

（十八）开展示范工程建设。

为了支持新技术、新产品工程实践和规模化应用，部署实施省级示范工程建设。在各地推进的建设项目中，州（市）住房城乡建设主管部门应结合绿色建筑评价机构第三方推荐意见，组织申报省级示范工程。省住房城乡建设主管部门组织专家评选，每年认定一批绿色建筑、装配式建筑、太阳能一体化建筑、全装修成品交房建筑、绿色生态城区、超低能耗建筑和既有建筑节能改造等优秀示范工程，择优推荐国家示范工程和创新奖等。省级优秀示范工程优先参加评选省级优质工程。

（十九）健全和完善标准体系。

按照适度提高安全、质量、性能、健康、节能等强制性指标的要求，及时做好国家标准宣贯、实施和地方标准修订，加强推广技术和典型工程案例的学习交流。按照绿色装配式建筑发展要求，加快编制标准、导则、图集、工法、手册、指南等，做到设计、生产、施工、检测、验收和使用维护全过程覆盖。强化建筑材料标准、部品部件标准、工程标准之间的衔接。跟踪科技创新和新成果应用，制定或采用国家标准、行业标准和地方标准的推荐性标准，在本省强制执行，并及时修订建筑工程定额等计价依据。按照推广应用成熟技术和产品的要求，编制和颁布地方标准，提高地方标准的有效性、先进性、适用性。建立倒逼机制，鼓励创新，淘汰落后，全面提升标准水平。

改变标准由政府单一供给模式，鼓励具有社团法人资格和相应能力的协会、学会等社会组织，根据行业发展和市场需求，制定团体标准。团体标准经合同相关方协商选用后，可作为工程建设活动的技术依据。鼓励企业结合自身需要，自主制定更加细化、更加先进的企业标准。企业标准实行自我声明，不需报政府备案管理。强化标准质量管理，地方标准要严于行业标准和国家标准，企业标准要更加细化和先进；团体标准要符合法律、法规和强制性标准要求，具有创新性和竞争性。

专栏 3　技术创新专项

评价导向：完善和规范各类建筑的评价认定制度，修编各类建筑评价标准，组织评价标准执行情况检查考核工作

技术研发：鼓励引导共性专项技术、集成应用技术、成套技术体系的研发，培育创新环境，增强技术创新意识和能力

技术推广：评价认定绿色建筑技术与产品，装配式建筑技术与部品部件和绿色建材评价标识产品，并编制和公告《推广目录》，加快新技术、新产品的推广应用

示范工程：鼓励引导新技术、新产品的工程实践，鼓励成熟技术的规模化应用，以点带面推动建设水平和质量的提高

标准编制宣贯：完成一批标准、导则、图集、上法、手册、指南的编制，鼓励引导完成一批团体标准、企业标准，不断提高建设技术水平，更好地推进高质量发展

创新能力提升：支持引导组建各种形式的协同创新联盟，开展学术交流、培训等活动

五、提升产业支撑能力

（二十）推行一体化集成设计。

勘察设计行业要将推进绿色建筑、工业化建筑和节能建筑发展作为适应新常态，实现转型发展的战略方向。推行一体化集成设计，做到全专业、各系统和全过程、各环节的全面统筹设计。加强标准化设计，提高通用部品部件应用比例。全面加强设计能力提升，不断提高设计人员的理论水平和全产业链统筹把握能力。积极组织开展试点示范，不断规范一体化集成设计和标准化设计流程，提高设计水平和效率，批准为国家和省级产业基地的设计单位要率先开展相关工作。设计阶段应率先落实新的发展要求，严格执行国家和省的各项推广政策，严格执行国家强制性标准和设计深度规定；认真执行相关评价标准和程序

规定，不断规范绿色建筑、装配式建筑等各类建设项目设计审查备案管理。提倡装配式建筑在方案策划阶段进行专家论证和技术咨询，促进各参与主体形成协同合作机制。设计阶段要率先使用建筑信息模型（BIM）技术。

（二十一）优化部品部件生产。

优化结构材料、围护材料、装修装饰材料和各种专用材料的生产，加快缓解产能过剩与短缺并存矛盾。重点推进新型墙体、管线设备、装饰装修、集成厨房、集成卫生间等部品和结构部件等生产项目建设。支持社会团体和中介机构开展建筑配套产品市场供需情况调查，定期发布咨询信息。各地要加大招商引资力度，提高招商引资质量，鼓励支持填补建筑相关配套产品生产空白的产业项目落地，鼓励支持现有企业转型升级和延伸产业链，鼓励支持设计、施工企业拓展业务范围，鼓励支持上下游生产企业向生产部品部件转型，完善产品品种和规格，形成与装配式建筑规模化发展相适应的产业支撑能力。推进节能、智能等新技术产品生产，促进新兴产业发展，鼓励企业向高性能、低能耗、生态环保的绿色建材生产升级，州（市）政府所在地预拌混凝土产品要率先全部获得绿色建材评价标识；鼓励磷石膏、建筑垃圾等工农林废弃物的资源化利用。加强绿色建材应用管理，规范各类新建建筑绿色建材产品应用评价办法，保证应用率不低于全省当年发展目标的平均水平；建立装配式建筑技术体系、关键技术和部品部件评估机制，建立数据库，建立绿色建材产品质量追溯系统，营造良好的市场环境。建立部品部件质量验收机制，确保产品质量。

（二十二）提高装配化施工水平。

建筑施工企业要加快提高绿色装配式建筑施工能力，研发应用与装配式施工相适应的技术、设备和机具，提高钢结构等装配式建筑的连接质量和建筑安全性能，推广应用结构工程与分部分项工程协同施工新模式，加快技术工艺、组织管理、技能队伍的转变。特级、一级房屋建筑工程施工企业要加大研发投入和技术攻关力度，积极参与各类示范工程建设，率先完成一定规模的高等级绿色建筑和装配式建筑施工业绩。加强装配式建筑施工安全管理，装配式钢结构的结构安装、混凝土结构预制构件安装，采用新技术、新工艺、新材料、新设备可能影响工程施工安全工程和尚无国家、行业及地方技术标准的分部分项工程等，必须按照《危险性较大的分部分项工程安全管理规定》编制专项施工方案。

（二十三）推动产业融合与协调发展。

加强全产业链的融合发展，各方面要支持重点企业向集投融、研、产、建、管、营于一体的全产业链型的龙头企业转变；支持设计单位加强工程总承包的能力建设，向引领和服务项目建设全过程转变；支持中小企业发展成为主营业务突出、竞争力强、成长性好、专注于细分市场的专业化"小巨人"企业。通过培育发展，使一批企业成长为业绩突出的骨干企业和绿色企业，形成具有绿色建筑和装配式建筑较强实施能力的产业化队伍。有条件的州（市）要积极打造装配式建筑产业园区或园中园，推动形成产业集群发展。鼓励建设、勘察、设计、施工、部品部件生产企业和科研院校等组建产业创新联盟，鼓励协会、学会等社会团体开展产业转型升级的服务工作。积极培育全过程工程咨询，组织开展试点，政府投资工程应探索咨询企业加本地企业的项目组织实施新模式，加快提高本地企业技术水平的提升。引导本省大型勘察、设计、监理等企业积极发展全过程工程咨询服务，拓展业务范围，提高全过程工程咨询服务能力和水平。鼓励各类企业深入开展协同创新，促进大中小企业的协调发展。

加强建筑业与信息业、制造业、建材行业的融合发展。加快推进 BIM 技术在装配式建筑设计、生产、施工、运行维护全过程应用，实现工程建设项目全寿命周期数据共享和信息化管理。鼓励将 BIM 技术应用纳入招标文件指标体系中，建设单位对承诺采用 BIM 技术投标人给予加分。鼓励和支持各类企业跨行业开展合作试点，探索总结协同创新、融合发展的成功经验，更好地发挥建筑业的带动作用。

专栏 4　产业能力提升重点

推进省级绿色装配式建筑产业基地评价认定工作，培育一批业绩突出的房地产开发、设计、生产、施工骨干企业和绿色企业，提高设计水平、提高装配化施工水平，提高建材产品生产绿色化水平，提高部品部件生产供给能力

推进园区或园中园建设，促进各类相关企业集群发展

开展设计、生产、施工等项目管理创新试点，加快制度建设，提高管理水平

鼓励中介机构、社团组织开展市场信息调查咨询服务，为各地高质量地做好招商引资工作创造有利条件

六、改革和完善体制机制

（二十四）推行工程总承包。

装配式建筑原则上应采用工程总承包建设项目组织实施方式，按照合同约定对工程项目实施设计、采购、施工或设计、施工总承包方式，促进工程设计、部品部件生产、施工及采购的统一管理和深度融合，促进装配式建筑"走出去"。组织重点企业开展试点，按照国家标准对建设项目实施规范化管理，及时总结和推广经验，扩大工程总承包的影响力，不断提升工程总承包能力和水平。政府投资的装配式建筑工程应带头推行工程总承包。支持大型设计、施工和部品部件生产企业通过调整组织架构、健全管理体系，向具有工程管理、设计、施工、生产、采购能力的工程总承包企业转型。

加快完善工程总承包管理制度，按照《住房城乡建设部关于进一步推进工程总承包发展的若干意见》（建市〔2016〕93 号），加快健全装配式建筑总承包的发包承包、施工许可、分包管理、工程造价、质量安全监管、竣工验收等制度，除依法必须进行招标的项目外，工程总承包单位可以直接发包总承包合同中涵盖的其他专业业务。按照《住房城乡建设部办公厅关于工程总承包项目和政府采购工程建设项目办理施工许可手续有关事项的通知》（建办市〔2017〕46 号），完善建筑工程施工许可制度，依法为工程总承包项目办理施工许可手续。

（二十五）加强专业人才培养。

加强绿色装配式建筑设计、生产、施工、管理等专业人才培养，绿色建筑评价机构的相关人员应通过相应标准规范的宣贯和培训，熟悉和掌握各类评价标准和管理规定，并具备专业技术评价能力。开展推广应用技术体系和产品操作规程培训，设计、生产、施工企业联合开展各种技术交流与培训，设计和产品生产企业应主动做好技术服务。开展工人技能评价，推动建筑业农民工转化为技术工人。建立由设计、生产、施工、咨询、工程总承包和社团组织等各类专业技术人员和管理人员组成的绿色装配式建筑优秀的专家队伍，支持校企积极引进海内外专业人才参与理论研究、技术研发、生产、管理和各种形式的技术交流活动。鼓励高等学校、职业学校设置绿色建筑、装配式建筑和超低能耗建筑的相关课程，在建筑行业专业技术人员继续教育中增加相关内容。

（二十六）加强质量安全管理。

加快完善装配式建筑工程质量安全管理制度，进一步落实建设单位、工程总承包、勘察、设计、生产、施工、监理、检测和全过程工程咨询等各方主体质量安全责任。加强结构安全监管，保证装配式建筑抗震安全性能。装配式建筑工程勘察、设计文件中规定采用的新技术、新材料，可能影响建设工程质量和安全，又没有国家技术标准的，应当按照《建设工程勘察设计管理条例》的有关规定，由国家认可的检测机构进行试验、论证，出具检测报告，并经国家或省住房城乡建设主管部门组织的建设工程技术专家委员会审定后，方可使用。超出国家现行抗震设计规范所规定的高度、层数、体型规则性和其他强制性规定的，采用现行建筑抗震设计规范规定以外的结构体系（结构形式）等高层建筑工程，须按照《云南省建设工程抗震设防管理条例》及有关规定，进行建筑工程抗震设防专项审查审批。加强生产和施工质量的管控，建设和监理等相关方可采用驻厂监造等方式加强部品部件生产质量管控。施工企业要加强施工过程质量安全控制和检验检测，完善装配施工质量保证体系。首次实施套筒灌浆等链接技术的施工单位，必须提供所有规格接头的有效型式检验报告，现场完成接头工艺检验，并达到规范要求，才允许进行首次施工。首次施工应提前报告当地质量监督机构和监理单位，选择有代表性的单元或部位进行试制作、试安装、试灌浆，确认操作规范并签字后，方可继续施工。

各级建设主管部门要加强装配式建筑工程质量安全监督检查，每年组织一次以上的装配式建筑工程质量安全大检查，省级建设主管部门组织抽查。对违反工程质量安全管理规定，违反强制性标准，不按设计进行生产、施工的装配式建筑工程，以及出具虚假检测报告的行为，依照相关规定处理。各地组织推进的绿色农房及乡土建筑示范应严格执行农村住房工程质量管理规定。加强工程质量监督队伍建设，监督机构履行职能所需经费由同级财政预算全额保障。政府可采取购买服务的方式，将工程质量监督检查的辅助性工作交由具备条件的社会力量承担。

（二十七）强化全过程有效监管。

各级发展改革、自然资源、住房城乡建设等有关部门，在立项审批、规划许可、用地审批、设计审查、施工许可、竣工验收等各环节要严格把关，确保绿色建筑和装配式建筑强制推广政策的落实。地方各级住房城乡建设部门要将发展绿色建筑、装配式建筑的具体要求及时函告自然资源主管部门。在土地供应中，各地应将住房城乡建设部门关于发展绿色建筑、装配式建筑的相关要求纳入规划设计条件和供地方案，并落实到土地使用合同中。各部门建立的项目库，要增加绿色装配式建筑相关信息内容的录入和采集，并确认审核建设项目的政策执行情况，实现全过程、各部门协同有效监督，做到政策执行不打折扣，汇总上报数据准确。按照《全国建筑市场监管公共服务平台工程项目信息数据标准》，建立和完善绿色装配式建筑相关信息统计制度，加强工程项目信息采集。加快民用建筑绿色发展立法工作，组织开展相关情况调研和《条例》草案起草工作。

七、支持政策

（二十八）财政支持。

充分发挥财政资金的导向作用，省、州（市）、县（市、区）三级政府按照事权与支出责任相适应的原则，根据预算管理有关规定，积极支持绿色装配式建筑及产业发展，着力推动高等级绿色建筑、绿色建材、绿色生态城区、绿色农房及乡土建筑、装配式建筑、装配化全装修建筑、太阳能一体化建筑、超低能耗建筑和建筑能效提升等重点推进州（市）和省级以上示范城镇、示范工程、产业基地（园区）以及技术研发与推广。适宜交由社会力量承担的绿色装配式建筑技术研发、标准规范制定工作、产业与产品调研及目录编制、监管系统建设与维护、统筹推进装配式建筑"走出去"战略宣传等技术性、辅助性工作，通过政府购买服务的方式实施。

（二十九）服务支持。

装配式商品房项目在办理《商品房预售许可证》时，在投入开发建设资金达到工程建设总投资 25% 以上、工程形象进度达到正负零，并已确定施工进度和竣工交付日期的情况下，即可办理预售许可证。

（三十）税收支持。

纳税人销售自产的符合《财政部、国家税务总局关于新型墙体材料增值税政策的通知》（财税〔2015〕73 号）规定的新型墙体材料，可以享受增值税即征即退 50% 的政策。

对以《国家发展改革委关于修改〈产业结构调整指导目录（2011 年本）〉有关条款的决定》（国家发展和改革委员会令 2013 年第 21 号）和《西部地区鼓励类产业目录》（国家发展和改革委员会令 2014 年第 15 号）（如规划期内国家发展改革委对目录进行更新，则按新目录执行）中规定的产业项目为主营业务，且其主营业务收入占企业收入总额 70% 以上的企业，可减按 15% 的税率征收缴纳企业所得税。

本《规划》从发布之日起执行。各级有关部门要抓好《云南省人民政府办公厅关于大力发展装配式建筑的实施意见》（云政办发〔2017〕65 号）和本《规划》中支持政策的落实，可根据实际需要制定具体实施细则。已经制定出台的现行支持政策继续有效，不一致的以本《规划》为准，各地可结合实际，加大政策支持力度。支持政策无法执行的部门，须逐级上报有关情况。对因办事拖沓、推诿扯皮，导致政策执行不利，影响了项目建设和产业发展的，将追究有关部门主要领导责任。

参 考 文 献

[1] 云南省装配式建筑评价标准 DBJ 53/T-96-2018[S]. 昆明：云南科技出版社，2018.

[2] 装配式混凝土建筑工程施工质量验收规程 T/CCIAT 0008—2019[S]. 北京：中国建筑工业出版社，2019.

[3] 装配式混凝土建筑施工规程 T/CCIAT 0001—2017[S]. 北京：中国建筑工业出版社，2017.

[4] 装配式混凝土结构施工技术标准 ZJQ 08-SGJB 013—2017[S]. 北京：中国建筑工业出版社，2017.

[5] 中华人民共和国住房和城乡建设部. 装配整体式混凝土结构技术导则. 北京：中国建筑工业出版社，2015.

[6] 预制混凝土剪力墙外墙板图集标准 15G365-1[S]. 北京：中国计划出版社，2015.

[7] 邓文敏. 日本装配式建筑的发展经验[J]. 住宅与房地产(中)，2018(12)：50-50.

[8] 高鉴. 浅谈日本建筑的抗震设计[J]. 城市建设理论研究(电子版)，2011(33).

[9] 住房和城乡建设部住宅产业化促进中心. 大力推广装配式建筑必读[M]. 北京：中国建筑工业出版社，2016.

[10] 叶明，叶浩文. 装配式建筑概论[M]. 北京：中国建筑工业出版社，2018.

[11] 李湘洲. 以柔克刚的隔震技术[J]. 百科知识，2008(8)：11-12.

[12] 韩建平，李晓松. 基于性能的非线性粘滞阻尼器减震结构设计分析[J]. 建筑结构，2010(6)：110-113.

[13] 居住建筑室内装配式装修工程技术规程 DB 11/T 1553—2018[S]. 北京：北京市住房和城乡建设委员会，2018.

[14] 吴明辉，彭建良. 论地砖薄贴法在项目的应用[J]. 安徽建筑，2017(5)：170-263.

[15] 徐卫国. 世界最大的混凝土 3D 打印步行桥[J]. 建筑技艺，2019(2)：6-9.

[16] 樊则森. 预制装配式建筑设计要点[J]. 住宅产业，2015(8)：56-60.

[17] 许金根. 工地现场 PC 预制厂的规划与管理探讨——以福建福州项目为例[J]. 工程建设与设计，2018(9)：159-162.

[18] 梁思成. 从拖泥带水到干净利索[J]. 住宅与房地产，1962(9)：19-21

[19] 和颖，张晓霞. 云南融入"一带一路"建设研究[J]. 学术探索，2016(1)：16-21.

[20] 毛洪涛. "装配式"中国制造和技术要率先走在"一带一路"上[J]. 施工企业管理，2018(7)：38-38.

[21] 张晓霞. 促进云南沿边大开放的对策建议[J]. 印度洋经济体研究，2015(3)：100-109.

[22] 汪巍. 六大经济走廊建设促进共同发展和共同繁荣(上)[J]. 国际工程与劳务，2018(1)：50-51.

[23] 周静敏，苗青，李伟，薛思雯，吕婷婷. 英国工业化住宅的设计与建造特点[J]. 建筑学报，2012(4)：44-49.

[24] 谢俊，蒋涤非，张贤超. 基于建筑工业化的设计工厂研究[J]. 城市建设理论研究，2015(10)：12-13.

[25] Shi J. Stream of variation modeling and analysis for multistage manufacturing processes[M]. CRC Press，2006.

[26] 谢俊，蒋涤非，周娉. 装配式剪力墙结构体系的预制率与成本研究[J]. 建筑结构，2018(2)：33-36.

［27］ Russell S , Norvig P. Artificial intelligence: a modern approach ［M］. Prentice Hall，2004.

［28］ Wittwer J W，Chase K W. Howell L L. The direct linearization method applied to position error in kinematic linkages ［J］. Mechanism and Machine Theory，2004，39(7)：681-693.

［29］ 谢俊，蒋涤非，胡友斌. BIM 技术与建筑产业化的结合研究［J］. 工业技术，2015(2)：78-80.

［30］ Gao J，Chase K W，Magleby S P. Comparison of assembly tolerance analysis by the direct linearization and modified Monte Carlo simulation methods ［C］. Proceeding of ASME design engineering technical conference，1995，53-60.

［31］ Marler J D. Nonlinear tolerance analysis using the direct linearization method［D］. M. S. thesis. Provo UT：Brigham Young University，1988.

［32］ 谢俊，蒋涤非，凌琳. 某装配整体式剪力墙结构拆板、拆墙方法研究［J］. 建材与装饰，2015 (10)：123-124.

［33］ DeMeter E C. Restraint Analysis of Fixtures which Rely on Surface Contact［J］. Journal of Engineering for Industry，1994，116(2)：207-215.

［34］ Weill R，Darel L，Laloum M. The Influence of Fixture Positioning Errors on the Geometric Accuracy of Mechanical Parts ［C］，Proceedings of CIRP Conference on PE&MS，1991，215-225.

［35］ Cai W，Hu S J，Yuan J X. A Variational Method of Robust Fixture Configuration Design for 3-D Work pieces［J］. Journal of Manufacturing Science and Engineering，1997，119(4)：593-602.

［36］ 谢俊，蒋涤非，陈定球. 深圳大厦超限高层结构抗震设计［J］. 工业建筑，2019，175-180.

［37］ Liao Y J. Hu S J. An integrated model of a fixture-workpiece system for surface quality prediction ［J］. International Journal of Advanced Manufacturing Technology，2001，17(11)：810-818.

［38］ Cao J ，Lai X，Cai W，et al. Variation analysis for rigid workpiece locating considering quadratic effects using the method of moments［C］. ASME International Conference on Manufacturing Science and Engineering，Ypsilanti，MI，2006.

［39］ 谢俊，蒋涤非，凌琳. 建筑结构含钢量的探讨［J］. 建材与装饰，2015(10)：98-99.

［40］ Takezawa N. An Improved method for establishing the process wise quality standard. Reports of Statistical and Applied Research［J］. Japanese Union of Scientists and Engineers，1980，27(3)：63-76.

［41］ Hsieh C，Kong P. Simulation and optimization of assembly processes involving flexible parts［J］，Journal of Vehicle Design，1997，18 (5)：455-465.

［42］ Liu S，Hu S J. An offset finite element model and its application inpredicting sheet metal assembly variation［J］，International Journal of Machine Tools and Manufacturing，1995，35(11)：1545-1557.

［43］ 谢俊，蒋涤非，李恒通. 基于 BIM 技术的装配式建筑研究发展［J］. 工程技术，2015(9)：25-26.

［44］ Liu S C. Hu S J. Variation simulation for deformable sheet metal assemblies using Finite Element Methods［J］. Journal of Manufacturing Science and Engineering. 1997，119(3)：369-374.

［45］ Camelio J，Hu S J，Marin S P. Compliant assembly variation analysis using component geometric covariance［J］. Journal of Manufacturing Science and Engineering. 2004，126：355-360.

［46］ Xie K. Variation propagation analysis on compliant assemblies considering contact interaction ［J］. Journal of Manufacturing Science and Engineering，2007，129(5)，934-942.

［47］ 谢俊，蒋涤非，庄伟. 某商务公寓超限高层结构分析与设计［J］. 建筑结构，2018(3)：57-61.

［48］ Apley D W，Shi J. Diagnosis of multiple fixture faults in panel assembly［J］，Journal of Manufacturing Science and Engineering，1998，120 (4)：793-801.

［49］ Chang M，Gossard D C. Computation method for diagnosis of variation-related assembly problem ［J］. International Journal of Production Research，1998，36(11)：2985-2995.

［50］ Camelio J，Hu S J，Yim H. Sensor placement for effective diagnosis of multiple faults in fixturing of compliant parts[J]. Journal of Manufacturing Science and Engineering, 2005, 127(1), 68-74.

[51] 谢俊, 张贤超, 张友三. BIM技术在装配式建筑产业链中的应用[C]. 第一届全国BIM学术会议论文集, 2015(10): 104-108.

[52] Lawless J F, Machay R J, Robinson J A. Analysis of variation transmission in manufacturing processes[J]. Journal of Quality Technology, 1999, 31(2): 131-154.

[53] Fong D T, Lawlwss J F. The Analysis of Process Variation Transmission with Multivariate Measurements[J]. Statistica Sinica, 1998, 8: 15-161.

[54] 邬新邵, 谢俊, 蒋涤非. 装配式体育馆标准化设计探索[J]. 城市建筑, 2016(12): 1-3.

[55] Jin J, Shi J. State space modeling of sheet metal assembly for dimensional control[J]. Journal of Manufacturing Science and Engineering, 1999, 121, 756-762.

[56] Ding Y, Ceglarek D, Shi J. Modeling and diagnosis of multistage manufacturing processes: part I state space model[C]. Japan-USA Symposium of Flexible Automation, 2000.

[57] 谢俊, 胡友斌, 张友三. BIM在国内预制构件设计中的应用研究[C]. 第二届全国BIM学术会议论文集, 2016(11): 92-97.

[58] Camelio J, Hu S J, Ceglarek D. Modeling variation propagation of multi-station assembly systems with compliant parts[J]. Journal of Mechanical Design. 2003, 125(4): 673-681.

[59] Ding Y, Ceglarek D, Shi J. Fault diagnosis of multi-station manufacturing processes by using state space approach[J]. Journal of Manufacturing Science and Engineering, 2002, 124 (2): 313-322.

[60] Ding Y, Shi J, Ceglarek D. Diagnosability analysis of multi-station manufacturing processes[J]. Journal of Manufacturing Science and Engineering, 2002, 124 (1): 1-13.

[61] Zhou S, Chen Y, Shi J. Statistical estimation and testing for variation root-cause determination of multistage manufacturing processes[J]. IEEE Transactions on Automation Science and Engineering, 2004, 1(1): 73-83.

[62] 谢俊, 蒋涤非, 张贤超. 基于建筑工业化的设计工厂研究[J]. 城市建设理论研究, 2015(10): 12-13.

[63] Tian Z, Lai X, Lin Z. Diagnosis of multiple fixture faults in multiple-station manufacturing processes based on state space approach[J]. Journal of Tsinghua Science and Technology, 2004, 9(6): 628-634.

[64] Khan A, Ceglarek D, Shi J, Ni J. Sensor optimization for fault diagnosis in single fixture systems: a methodology[J]. Journal of Manufacturing Science and Engineering, 1999, 121(1): 109-117.

[65] Khan A, Ceglarek D. Sensor optimization for fault diagnosis in multi-fixture assembly systems with distributed sensing [J]. Journal of Manufacturing Science and Engineering, 2000, 122 (1): 215-226.

[66] Ding Y, Kim P, Ceglarek D. Optimal Sensor Distribution for Variation Diagnosis in Multistation Assembly Processes[J]. IEEE Transaction of Robotics and Automation, 2003, 19(4): 543-556.

[67] Lai X, Tian Z, Lin Z. A simplified method for optimal sensor distribution for process fault diagnosis in multistation assembly processes[J]. Journal of Manufacturing Science and Engineering. 2008, 130(5): 051002-051013.

[68] 蒋涤非, 谢俊, 庄伟. 某装配整体式剪力墙住宅技术经济性分析[J]. 建筑结构, 2018(2): 37-39.

[69] Hu S J, Wu S W. Identifying root cause of variation in automobile body assembly using principal component analysis[J]. Transactions of NAMRI, 1992, 20: 311-316.

[70] Roan C, Hu S J, Wu S M. Computer aided identification of root cause of variation in automobile

body assembly[J]. Journal of Manufacturing Science and Engineering, 1993, 64: 391-400.

[71] 谢俊, 蒋涤非, 凌琳. 建筑结构含钢量的探讨[J]. 建材与装饰, 2015(10): 98-99.

[72] Ceglarek D, Shi J, Wu S M. Fixture Failure Diagnosis for Autobody Assembly Using Pattern Recognition[J]. Journal of Manufacturing ence and Engineering, 1996, 118: 55-66.

[73] Rong Q, Ceglarek D, Shi J. Dimensional fault diagnosis for compliant beam structure assemblies [J]. Journal of Engineering for Industry, 2000, 122(4), 773-780.

[74] Liu Y, Hu S J. Assembly fixture fault diagnosis using designated component analysis[J]. Journal of Manufacturing Science and Engineering, 2005, 127(2): 358-368.

[75] 邬新邵, 谢俊, 蒋涤非. 装配式体育馆的创新与应用[J]. 科研, 2016(12): 03-04.

[76] 胡友斌, 谢俊, 蒋涤非. 基于 Solidworks 的大尺寸异形模块吊装技术研[J]. 施工技术, 2016(1): 85-88.

[77] 谢俊, 蒋涤非, 凌琳. 某装配整体式剪力墙结构拆板、拆墙方法研究[J]. 建材与装饰, 2015 (10): 123-124.

[78] 谢俊, 蒋涤非, 胡友斌. BIM 技术与建筑产业化的结合研究[J]. 工业技术, 2015(2): 78-80.

[79] 蒋涤非, 谢俊, 庄伟. 某装配整体式剪力墙住宅技术经济性分析[J]. 建筑结构, 2018(2): 37-39.

[80] 蒋涤非, 谢俊, 庄伟. 某轻型门式刚架厂房优化设计研究[J]. 建筑结构, 2017(23): 43-45.

[81] 谢俊, 蒋涤非, 邬新邵. 装配式建筑 PC 技术适用性研究[J]. 自然科学, 2016(9): 144-145.

[82] 谢俊, 蒋涤非, 邬新邵. 某装配整体式剪力墙住宅技术经济性分析[J]. 城市建筑, 2016(12)下: 081-082.

[83] 邬新邵, 谢俊, 蒋涤非. 基于 PLANBAR 的装配式建筑设计效率研究[J]. 建筑结构增刊, 2017 (10): 31-38.

[84] 龚雯, 基于模糊理论的机械加工偏差源智能诊断方法研究[J]. 组合机床与自动化加工技术, 2003, 9: 33-35.

[85] 谢俊. 经典重温: 贝聿铭建筑创作思想浅析——以苏州博物馆新馆为例[J]. 中外建筑, 2012(3): 81-83.

[86] 谢俊. 地域建筑设计——徽派建筑[J]. 中外建筑, 2012(10): 31-33.

[87] 谢俊, 蒋涤非, 庄伟. 某商务公寓超限高层结构分析与设计[J]. 建筑结构, 2018(3): 57-61.

[88] 蒋涤非, 谢俊, 庄伟. 某轻型门式刚架厂房优化设计研究[J]. 建筑结构, 2017(23): 43-45.

[89] 谢俊, 蒋涤非, 陈定球. 深圳大厦超限高层结构抗震设计[J]. 工业建筑, 2017(9): 175-180.

[90] 胡友斌, 谢俊, 蒋涤非. 基于 Solidworks 的大尺寸异形模块吊装技术研究[J]. 施工技术, 2016 (1): 85-88.

[91] 李东升, 李宏男, 王国新等. 传感器布设中有效独立法的简捷快速算法[J]. 防灾减灾工程学报. 2009, 29(1): 103-108.

[92] 谢俊. 绿色低碳建筑设计——太阳能在绿色低碳建筑设计中的应用[J]. 中外建筑, 2012(7): 55-57.

[93] Xie J, Jiang D F, Bao Z T, et al. BIM Application Research of Assembly Building Design: Take ALLPLAN as an Example[C]. The Paper of 2018 International Conference on Construction and Real Estate Management(ICCREM), 2018(5): 36-39.

[94] Xie J, Jiang D F, Bao Z T, et al. Discussion about the Analysis and Design of Over-Height High-Rise Structure[C]. The Paper of 2018 International Conference on Construction and Real Estate Management(ICCREM), 2018(5): 56-61.

[95] Xie J, Jiang D F, Bao Z T. Study on Elastic-plastic Performance Analysis of A Prefabricated Low

Multi-story Villa[C]. The Paper of The 5th International Conference on Civil Engineering，2019 (5)：36-39.

[96] 谢俊，蒋涤非，周娉. 装配式剪力墙结构体系的预制率与成本研究[J]. 建筑结构，2018(2)：33-36.

[97] Xie J，Jiang D F，Bao Z T，et al. BIM Application Research of Assembly Building Design：Take ALLPLAN as an Example[C]. The Paper of 2018 International Conference on Construction and Real Estate Management(ICCREM)，2018(5)：36-39.

[98] Xie J，Jiang D F，Bao Z T，et al. Discussion about the Analysis and Design of Over-Height High-Rise Structure[C]. The Paper of 2018 International Conference on Construction and Real Estate Management(ICCREM)，2018(5)：56-61.

[99] 谢俊. 邬新邵. 装配式剪力墙结构设计与施工[M]. 北京：中国建筑工业出版社，2017.

[100] 谢俊. 沈巧娟. 宝正泰. 展览建筑室内交通空间设计[M]. 北京：中国建筑工业出版社，2018.

[101] 庄伟. 谢俊. 邬亮. 轻型门式刚架设计从入门到精通(按 GB 51022—2015 编写)[M]. 北京：中国建筑工业出版社，2017.

[102] 宝正泰. 谢俊. 何朝辉. 钢结构设计连接与构造[M]. 北京：中国建筑工业出版社，2019.

[103] 庄伟. 李恒通. 谢俊. 地下与基础工程软件操作实例(含 PKPM 及理正)[M]. 北京：中国建筑工业出版社，2017.

[104] 庄伟. 鞠小奇. 谢俊. 超限高层建筑结构设计从入门到精通[M]. 北京：中国建筑工业出版社，2016.

[105] 鞠小奇. 庄伟. 谢俊. 结构工程师袖珍手册[M]. 北京：中国建筑工业出版社，2016.